I0045816

DE

L'INTUITION

DANS LES

DÉCOUVERTES ET INVENTIONS

SES RAPPORTS

AVEC

LE POSITIVISME ET LE DARWINISME

PAR

LE Dr A. NETTER

Officier de la Légion d'honneur, — Bibliothécaire à la Faculté de médecine de Nancy, Médecin principal en retraite (récompense à l'Académie des sciences).

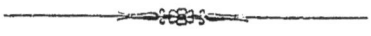

STRASBOURG

TREUTTEL ET WURTZ, LIBRAIRES-ÉDITEURS

En vente aussi chez ACHILLE NETTER, lithogr., Grand'rue, 132.

1879

STRASBOURG, TYPOGRAPHIE DE G. FISCHBACH.

C. KLINCKSIECK
LIBRAIRE DE L'INSTITUT DE FRANCE.
11, RUE DE LILLE, PARIS.

DE L'INTUITION

DANS LES

DÉCOUVERTES ET INVENTIONS

SES RAPPORTS AVEC

LE POSITIVISME ET LE DARWINISME

DE

L'INTUITION

DANS LES

DÉCOUVERTES ET INVENTIONS

SES RAPPORTS

AVEC

LE POSITIVISME ET LE DARWINISME

PAR

LE Dr A. NETTER

Officier de la Légion d'honneur, — Bibliothécaire à la Faculté de médecine de Nancy,
Médecin principal en retraite (récompense à l'Académie des sciences).

STRASBOURG

TREUTTEL ET WURTZ, LIBRAIRES-ÉDITEURS

En vente aussi chez ACHILLE NETTER, lithogr., Grand'rue, 132.

1879

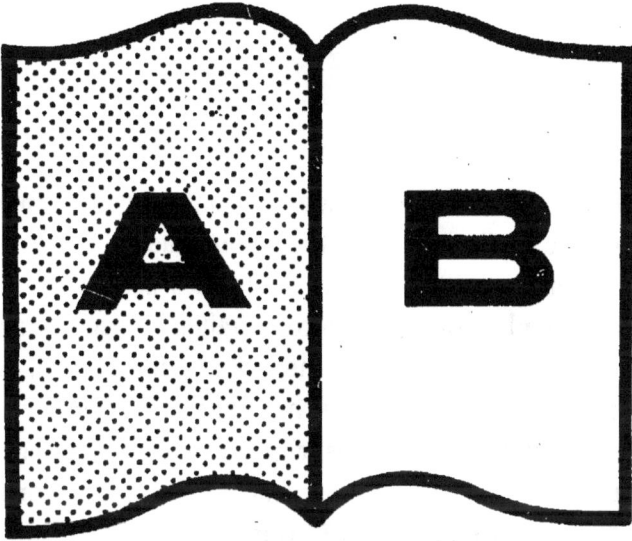

Contraste insuffisant

NF Z 43-120-14

INTRODUCTION

————

Parmi les découvertes et inventions qui ont successivement enrichi la science et l'art, il en est qui sont dues à des idées de *prime-saut*, autrement dit qui ont été faites par *intuition*. Or il nous a semblé que l'histoire détaillée d'un certain nombre de ces innovations aurait une grande importance, eu égard notamment à deux doctrines modernes, *positivisme* et *darwinisme*, auxquelles tant d'esprits croient sans réserve aucune et qui ont de si graves conséquences sociales. D'abord, en ce qui concerne la philosophie d'Auguste Comte, la question de l'intuition présente un intérêt particulier. D'après ce savant devenu si célèbre, l'humanité a dû fatalement passer par une longue série d'erreurs avant d'arriver à la vérité, par les conceptions fétichistes, polythéistes, monothéistes, en dernier lieu métaphysiques, avant d'atteindre la période actuelle, dans laquelle notre esprit, revenu enfin de toutes ses illusions et n'admettant plus que les faits avec leurs rapports, les corps avec leurs propriétés, devrait nier et repousser tout le reste. Eh bien, si au moyen d'analyses de découvertes diverses nous parvenions à démontrer qu'à diverses époques de la science, des personnes même ignorantes ont vu d'emblée la vérité là où les grands savants se perdaient dans l'erreur, est-ce que l'axiome d'Auguste Comte ne serait pas ébranlé ?

1

Nous fournirons cette preuve. Oui, dans les sciences physiques et naturelles, on passe très généralement par l'erreur avant d'arriver à la vérité, par les hypothèses et les tâtonnements avant de trouver ce que l'on cherche ; oui, mais le fait est loin d'être constant, et il y a des esprits exceptionnels qui, tout à coup, d'emblée, voient des choses et saisissent des rapports qui échappent aux autres savants. Est-ce que le grand homme que la science vient de perdre, Claude Bernard, n'a pas été à lui seul la preuve qu'il existe des intelligences à intuition? Or nous démontrerons qu'il en a surgi aussi parmi les ignorants, ce qui évidemment infirme la loi fatale et absolument constante de l'erreur préalable.

Chose curieuse, et qui ne laissera pas que de surprendre ! Auguste Comte lui-même parle de l'utilité qu'il y aurait à établir des analyses de découvertes ou, selon ses expressions, des *monographies scientifiques*. « C'est ainsi, dit-il, que tel grand géomètre a surtout brillé par la sagacité de ses inventions, tel autre par la force et l'étendue de ses combinaisons, un troisième par le génie du langage... On pourrait certainement découvrir ou du moins *vérifier* toutes les principales facultés vraiment fondamentales de notre intelligence par cette seule classe de monographies scientifiques, qui comporterait plus de précision qu'aucune autre... Cette condition, généralisée autant que possible, se rattache à l'utilité fondamentale de l'étude philosophique des sciences, tant sous le point de vue historique que sous le rapport dogmatique. » (*Cours de philosophie positive*, 3e édit., t. III, p. 576.)

Malheureusement Comte n'a pas eu un seul instant la pensée que son propre dogme pourrait être renversé par cette contre-épreuve, tombant ainsi à son tour dans la faute qu'il ne cesse de reprocher à toutes les générations antérieures, celle d'affirmer avant d'avoir suffisamment prouvé. C'est à cette contre-épreuve que nous voulons soumettre sa doctrine. En ce qui concerne le darwinisme, considéré comme système philosophique, nous y viendrons tout à l'heure, ayant hâte d'arriver à l'objet principal de notre étude, l'*intuition dans les découvertes et les inventions*.

Autour de nous, dans la nature, mille choses importantes pour la science ou l'art, quoique très apparentes, échappent à notre attention, et nombre de générations se succèdent devant elles sans les remarquer, jusqu'à ce que dans le cours des siècles quelqu'un, savant ou ignorant, arrive en présence de l'une d'entre elles, l'aperçoive et même en saisisse instantanément la signification. Quelques exemples justifieront et compléteront notre pensée.

Un malade souffrant de la poitrine, tousse, respire difficilement, est en proie à la fièvre, qu'a-t-il? Est-ce une bronchite, une fluxion de poitrine, une pleurésie ou la phtisie? Depuis Hippocrate, les plus grands médecins s'y perdaient quand, dans le siècle dernier, un obscur praticien de Vienne, *Auenbrugger*, s'aperçut que la poitrine, étant percutée, rendait des sons différents selon l'une ou l'autre affection, et révolutionna, avec ce moyen si simple d'examen, une branche entière de l'art. Cependant, de temps immémorial, on savait qu'un tonneau vide donnait un son clair, le tonneau plein un bruit mat, et personne n'avait eu l'idée de percuter la poitrine, même pour s'assurer si elle était remplie ou non de liquide!

Autre exemple. Il y a une cinquantaine d'années, l'immortel Laennec compléta cette révolution en ajoutant l'auscultation à la percussion, et aujourd'hui il n'est pas de médecin qui ne perçoive et comprenne les mille bruits découverts et expliqués par lui, tandis qu'auparavant, d'innombrables générations de praticiens s'étaient succédé sans les recueillir.

Troisième exemple, encore plus saisissant et pris en dehors de la médecine. Dans un bain, chacun *se sent plus léger,* particularité en apparence insignifiante, mais qui a inspiré à Archimède son fameux principe. Nous discuterons le récit classique de l'origine de cette découverte, et en rapprochant la légende d'une variante de Vitruve, nous espérons pouvoir expliquer comment la sensation de légèreté du corps a réellement pu conduire à l'idée d'un rapport avec le volume d'eau déplacée. Contrairement à toutes prévisions, rien de plus simple que l'évolution intellectuelle dans la circonstance.

Quatrième exemple. Il s'agit d'une grande découverte qui a été faite dans le peuple et d'une question dans laquelle le monde savant voyait les choses tout de travers. Qui ignore aujourd'hui que certaines maladies se gagnent auprès de ceux qui en sont atteints; eh bien, ce fait si évident, la *contagion,* avait absolument échappé à Hippocrate, à Galien et à leurs successeurs. Dans la Bible seulement il en est traité pratiquement à propos de la lèpre, dont on arrêtait les ravages par les moyens d'isolement et de purification; mais les médecins de l'antiquité n'ont rien vu de cela, pas plus pour cette affection que pour aucune autre. Il y a plus : vers le septième siècle de notre ère, en Arabie, a surgi la petite vérole; or, même pour ce mal, les Rhazès et autres méconnurent la contagion. Mais voici qu'au sein d'un peuple barbare de l'Orient, en Circassie, comme les documents semblent le prouver, un ignorant remarqua la chose et, ô surprise! il vit aussi qu'une gouttelette de pus variolique, insérée superficiellement dans la peau, donnait le mal sous une forme légère, mais préservatrice. Et la pratique de l'inoculation ne tarda pas à se répandre, devant être longtemps répétée par le peuple avant que les médecins l'eussent adoptée. Cependant vers la fin du siècle dernier, la méthode était devenue classique, quand on la remplaça par une autre analogue, mais plus simple, la vaccine, et aujourd'hui chacun de nous porte sur les bras les marques qui rappellent cette longue histoire. Nous parlerons de Jenner en temps et lieu.

Comment s'expliquer la rareté de ces personnages : hier Claude Bernard, naguère Lænnec, Auenbrugger, à une autre époque Galvani, Newton, Galilée, auparavant Bernard Palissy et Roger Bacon, presqu'au temps même d'Aristote, un Archimède fondant une science telle que l'hydrostatique et laissant un nom encore classique aujourd'hui, sans compter le Circassien inconnu et nombre d'autres restés ignorés? Quel contraste entre les vues soudaines, spontanées et originales de ces *voyants* et les découvertes ou inventions ordinaires, fruits tardifs de longues et pénibles recherches! Comment s'expliquer qu'un si petit nombre d'hommes voient tout à coup des choses et saisissent d'emblée des rapports qui échappent à tous autres? C'est le hasard, disent bien des gens, c'est le hasard qui les aura mis en présence de faits particulièrement instructifs; oui, sans doute une part revient au hasard, mais, comme nous espérons le montrer, la part est secondaire.

Claude Bernard, si compétent en matière d'intuition, a écrit ceci : « Les hommes qui ont le pressentiment des vérités nouvelles sont rares; dans toutes les sciences, *le plus grand nombre des hommes développe et poursuit les idées d'un petit nombre d'autres*[1]. »

Au premier abord, cette proposition semble en désaccord manifeste avec ce qui se voit de nos jours, découvertes et inventions surgissant en grand nombre et de toutes parts : téléphones, microphones, télégraphes électriques, photographie,

[1] Introduction à l'étude de la médecine expérimentale.

chloroformisation, et leurs auteurs ne semblant pas suivre et développer seulement les idées d'autrui ; mais cette contradiction pourrait bien n'être qu'apparente. En effet, l'immense majorité de nos découvertes et inventions modernes s'appuie sur des connaissances déjà acquises, tandis que celles sur lesquelles portera notre étude, innovations intuitives, sont originales, et ne se rattachant pas à ce qui est connu, ouvrent précisément des voies nouvelles à l'observation et à l'investigation des savants.

Si l'appréciation de Claude Bernard est juste, ceux pour qui la science ne date pas seulement de nos jours, mais aux yeux desquels elle consiste tout simplement dans le *savoir*, dans l'ensemble des connaissances acquises séculairement par les générations humaines, ceux-là seront forcés d'interpréter la proposition ainsi :

De tout temps, le plus grand nombre des hommes n'a progressé qu'en suivant ou en développant les idées de quelques-uns.

Cette seconde proposition, déduite si immédiatement de celle de Claude Bernard, mérite pour le moins considération, et nous devrons y revenir ; au surplus, elle rentre, si nous ne nous trompons, dans le système philosophique du successeur de Claude Bernard, nous voulons parler de son successeur à l'Académie française, et nous avons nommé M. Renan.

Entrons plus avant dans notre sujet. De même que des individus naissent avec des aptitudes extraordinaires, l'un pour les mathématiques, l'autre pour le dessin, un troisième pour telle autre branche de la science ou de l'art, de même d'autres se montrent spécialement aptes ou disposés aux idées de prime-saut, Claude Bernard, Lœnnec, Galilée.... C'est à cette variété d'aptitude que devrait être réservée, selon nous, l'appellation *intuition*. Ce fait intellectuel ne serait donc pas, comme l'avancent nos dictionnaires, *l'immédiate connaissance de certaines vérités*, mais seulement la *prédisposition* à la connaissance immédiate. Quant à l'excessive rareté de ce don individuel, elle pourrait bien tenir, du moins dans une certaine mesure, à la négligence d'une règle depuis longtemps recommandée aux hommes de science, mais que l'on ne cesse d'enfreindre : nous voulons parler *de la pratique du doute philosophique*.

Selon Claude Bernard, la certitude absolue n'appartient qu'aux mathématiques et à leurs applications, tandis que partout ailleurs dans la science, *il faudrait douter, toujours douter,* non pas douter des faits que nos sens constatent, mais douter de la justesse des impressions que ces faits déterminent en nous, et plus encore de toutes les formules autres que les formules mathématiques.

Aux époques où l'on croyait que le soleil *se levait et se couchait,* ces mouvements paraissaient évidents, et cependant la formule traduisant les impressions s'est trouvée fausse. Combien donc aujourd'hui devons-nous douter en présence du nombre infini des faits et des formules enregistrés ! Exemples : on admettait et on admet encore une division des grands animaux en carnivores et herbivores ; or c'est pour avoir douté de la valeur absolue de cette distinction que Claude Bernard, comme on ne tardera pas à le voir, s'est trouvé conduit à une de ses plus brillantes découvertes.

Une autre division plus générale a été celle de l'ensemble des êtres vivants en végétaux et animaux : Claude Bernard douta et il devint un des créateurs de la physiologie générale. Les faits expérimentaux seuls lui paraissaient offrir de la certitude, mais voici que dans sa note posthume sur les faits expérimentaux de M. Pasteur, il douta de ceux-là aussi ; c'est qu'il avait pour principe que, dans la science, l'esprit ne doit se laisser emprisonner dans aucune formule autre que les formules mathématiques. Est-ce que la grande majorité de nos savants actuels pratiquent à ce point le doute philosophique? Hélas! nous avons l'occasion de voir ce qui en est à propos des grandes questions soulevées de nos jours, *positivisme, darwinisme, question de l'intelligence chez les animaux*. Qu'il nous suffise ici de mentionner, au sujet du darwinisme, la discussion présentement engagée entre deux des plus grands savants de l'Allemagne : Hœckel et Virchow, le premier affirmant le darwinisme comme chose absolument démontrée et demandant que dès maintenant on l'enseigne à tous, même aux enfants des écoles; le second répondant en résumé ceci : Est-ce sur des données positives, absolument exactes, que la doctrine est basée? Non. Eh bien, vous ne pouvez pas sur des hypothèses substituer le darwinisme à l'idée traditionnelle de création. Enseigner aux enfants la descendance ou la filiation simienne! En vérité, la question du doute philosophique est la plus importante du jour, ce qui au surplus ressortira de l'ensemble de notre travail sur l'intuition.

On voit par cet exemple que s'il y a des savants tels que Virchow et Claude Bernard n'affirmant qu'avec réserve et gardant toujours l'arrière-pensée d'une erreur possible, il en est un grand nombre d'autres croyant et s'attachant à des formules qui ne sont rien moins que mathématiques, et cela avec une conviction si entière, qu'ils ne reculent pas devant leurs conséquences les plus graves.

Cela étant ainsi, est-il besoin de longtemps expliquer comment la rareté des découvertes par intuition peut dépendre, dans une certaine mesure, de l'inobservance des règles concernant le doute philosophique? Quand une conviction est faite, tout ce qui se présente en sens contraire est repoussé par l'esprit d'emblée, tandis qu'avec le doute philosophique, pratiqué d'une manière permanente, l'esprit ne cesse pas de rester accessible aux impressions du dehors, et celles-ci seront accueillies d'emblée.

Nous venons de dire ce qu'est pour nous l'intuition, à savoir l'aptitude à certaines idées particulières, appelées jusqu'ici idées de prime-saut, mais que nous désignerons désormais sous le nom d'*idées intuitives*.

Qu'est-ce maintenant que l'idée intuitive?

La philosophie classique enseigne qu'une idée, quelle qu'elle soit, est un fait primitif qui échappe à toute analyse (Jourdain, *Notions de philosophie*, 15° édition). Nous ne savons s'il en est ainsi d'une manière générale; mais en ne considérant que l'idée intuitive, nous espérons pouvoir prouver que celle-ci, loin d'être un fait primitif, se trouve réductible en certains éléments, et que même elle a son mécanisme de formation. Comme semblable assertion pourrait ne pas sembler acceptable, nous allons dire de quelles observations nous l'avons déduite.

Parmi les ouvrages de Claude Bernard, il y a son œuvre de philosophie médicale (*Introduction à l'étude de la médecine expérimentale*); or, dans un des chapitres, reprenant l'une après l'autre un certain nombre de ses découvertes, ce grand esprit nous initie à la manière dont il y est tour à tour arrivé, nous racontant chaque fois ses impressions, ses sentiments, ses pensées, et vient-il à relater une de ses innovations prime-sautières, il nous fait assister à la formation même de l'idée, minute par minute, seconde par seconde: impression déterminée sur lui par l'objet que le hasard a amené, sensations éprouvées, mobile même qui a poussé l'esprit à rapprocher le fait d'un autre, en d'autres termes mécanisme de formation de l'idée de rapport, tout s'y trouve, et l'on peut dire que l'idée intuitive s'y prend sur le vif. Ajoutons qu'ailleurs il nous fait part de ses hypothèses et de ses tâtonnements., de sorte que tout ressort encore mieux par contraste.

Mais, doit-on se demander, s'il en est ainsi, comment Bernard, relatant ses découvertes, n'y a-t-il pas lui-même relevé des détails aussi importants dont ici il serait question pour la première fois? Il est à cela deux raisons.

D'abord Claude Bernard, chez qui la modestie égalait le savoir, ne pouvait en matière d'intuition s'offrir lui-même comme modèle, et puis, il faut le dire, en composant son ouvrage philosophique, sa préoccupation a été ailleurs. C'est le progrès de la physiologie qu'il a eu uniquement en vue, et comme, selon lui, cette science ne pouvait sortir de son infériorité qu'en prenant pour base les faits expérimentaux, c'est le fait expérimental qui absorbera toute son attention. La concentration de son esprit sur le fait expérimental a été telle que l'idée et le raisonnement qui conduisent à l'établir ont été appelés par lui *idée expérimentale, raisonnement expérimental,* expressions qui en elles n'offrent aucun sens et se justifient seulement au point de vue particulier qui les a fait créer.

C'est encore sous l'influence de sa préoccupation qu'il se trouva avoir d'ordinaire confondu l'idée intuitive avec l'*hypothèse,* sous la rubrique commune d'*idées a priori.* Pourquoi, lui, aurait il fait cette distinction, l'hypothèse et l'idée intuitive étant soumises par lui également au contrôle de l'expérimentation. Cependant entre les deux faits intellectuels, la différence est grande ; car tandis que l'hypothèse est toujours le résultat de réflexions et de méditations antécédentes, tout au contraire l'idée intuitive est soudaine, spontanée et surtout irréfléchie, ce qui ressortira pleinement de nos analyses de découvertes, en même temps que l'irréflexion dans l'idée intuitive deviendra dans notre étude une donnée majeure.

Qu'est-ce qu'une idée irréfléchie chez l'homme? Ce sont les animaux tels que les abeilles, les fourmis, les castors qui ont des idées irréfléchies, et quand nous voyons ces êtres commencer leurs merveilleux travaux spontanément, dès que les matériaux nécessaires se trouvent en leur présence, c'est chez eux qu'on admettait jusqu'ici les idées irréfléchies; mais chez l'homme? Quoi! de merveilleuses découvertes et inventions même pourraient chez lui aussi être l'effet d'idées irréfléchies? Est-ce donc que l'idée *intuitive* ici et l'*idée instinctive* là ne seraient que seule et même chose? Déjà d'autres ont dit que l'intuition était une *sorte d'instinct*, et cette question étant aussi soulevée, on ne s'étonnera pas si, dans cette étude sur l'intuition, nous traiterons de l'intelligence chez les animaux. Tout cela nous conduira finalement à un système philosophique intermédiaire entre le positivisme exagéré et le spiritualisme exagéré.

Cette étude se composera de deux parties, dont la première consistera uniquement en relations de découvertes ou d'inventions, et comme l'on doit s'y attendre, nous commencerons par les découvertes de Claude Bernard. Les données que celles-ci nous auront fournies seront ensuite utilisées par nous dans l'analyse de toute sorte d'innovations dues à d'autres.

Dans la deuxième partie, nous aidant des ouvrages de Hœfer sur l'histoire de sciences diverses, nous retrouverons l'intuition à toutes les époques, jusque dans les temps les plus reculés.

Nous nous occuperons après cela de l'intuition en général et spécialement des deux importants problèmes déjà mentionnés, mécanisme de formation des idées intuitive et instinctive, et intelligence chez les animaux.

Enfin, dans un dernier chapitre, nous reviendrons sur les

grandes questions philosophiques du jour, positivisme, darwinisme.

Et maintenant nous prions le lecteur d'oublier provisoire-
ment tout ce qui précède et de nous suivre, l'esprit libre
de tout préjugé, sur le terrain des faits qui ici consistent en
relations de découvertes et d'inventions.

PREMIÈRE PARTIE

HISTOIRES DE DÉCOUVERTES ET D'INVENTIONS

CHAPITRE PREMIER

DÉCOUVERTES DE CLAUDE BERNARD

Quoiqu'il s'agisse de choses aussi spéciales que celles de la médecine et de la physiologie, grâce à la manière dont Claude Bernard a raconté ses découvertes, tout le monde comprendra ; aussi laisserons-nous le plus souvent parler l'auteur, nous bornant à faire précéder ses relations, quand cela nous paraîtra utile, de quelques éclaircissements préliminaires, et y soulignant certains passages qui seront l'objet de nos réflexions dans des remarques subséquentes.

PREMIER EXEMPLE.

« On apporta un jour dans mon laboratoire des lapins venant du marché. On les plaça sur une table où ils urinèrent, et j'observai par *hasard* que leur urine était claire et acide. Ce fait me *frappa*, parce que les lapins ont ordinairement l'urine trouble et alcaline en leur qualité d'herbivores, tandis que les carnivores, ainsi qu'on le sait, ont au contraire les urines claires et acides. Cette observation d'acidité de l'urine chez les lapins *me fit venir la pensée* que ces animaux devaient être dans la condition alimentaire des carnivores.

« Je supposai qu'ils n'avaient probablement pas mangé depuis longtemps, et qu'ils se trouvaient ainsi transformés par l'abstinence en véritables animaux carnivores vivant de leur propre sang. Rien n'était plus facile que de vérifier par l'expérience cette *idée préconçue* ou *cette hypothèse*. Je donnai à manger de l'herbe aux lapins, et, quelques heures après, leurs urines étaient devenues troubles et alcalines. On soumit ensuite les mêmes lapins à l'abstinence, et après vingt-quatre ou trente-six heures au plus, leurs urines étaient redevenues claires et fortement acides ; puis elles devenaient de nouveau alcalines en leur donnant de l'herbe....

«....J'arrivai ainsi à cette proposition générale qui alors n'était pas connue : à savoir qu'à jeun tous les animaux se nourrissent de viande, de sorte que les herbivores ont alors des urines semblables à celles des carnivores.

« Il s'agit ici d'un fait particulier bien simple qui permet de suivre facilement l'évolution du *raisonnement expérimental*. Quand on voit un phénomène qu'on n'a pas l'habitude de voir, *il faut toujours se demander* (non, on se demande tout naturellement) à quoi il peut tenir, ou, autrement dit, quelle en est la cause prochaine ; alors il se présente à l'esprit une réponse ou une idée qu'il s'agit de soumettre à l'expérience. . En voyant l'urine acide chez les lapins, je me suis demandé *instinctivement* quelle pouvait en être la cause. L'*idée expérimentale* a consisté dans le rapprochement que mon esprit a fait spontanément entre l'acidité de l'urine chez le lapin, et l'état d'abstinence que je considérai comme une vraie alimentation de carnassier. »

Remarques : « *Mon esprit a fait le rapprochement spontanément .... je m'étais demandé instinctivement .... mon esprit a été frappé par le fait que le hasard avait amené, et c'est le fait qui a fait venir la pensée* .... » En quoi, demanderons-nous, semblable idée est-elle *expérimentale?* Evidemment c'est là l'idée de prime-saut, l'idée intuitive, et l'évolution intellectuelle s'est opérée de la manière suivante :

Quand Claude Bernard a vu par hasard les urines claires chez des herbivores, ce qui l'a frappé, ce n'est pas seulement l'anomalie du fait, mais *simultanément la ressemblance de ces urines* avec celles des carnivores, et c'est la *perception instantanée de cette ressemblance* qui a fait le rapprochement dans son esprit. Du même coup, il avait vu *et la limpidité des urines et leur ressemblance avec celles des carnivores*. C'est donc la perception d'une ressemblance qui a déterminé ici l'idée du rapport ; nous retrouverons ultérieurement le même mécanisme dans d'autres découvertes.

Chez Claude Bernard, aussitôt l'idée du rapport éveillée, aussitôt s'établissait chez lui une sorte de monologue par demandes et réponses, monologue mental, aussi précipité que possible : est-ce que les urines claires seraient en même temps acides? elles sont acides (dans son laboratoire il avait toujours le papier de tournesol sous la main). Elles sont à la fois acides et claires, donc leur ressemblance porte aussi sur la nature intime. Mais comment ces herbivores peuvent-ils avoir des urines de carnivores? D'où viennent ces lapins? du marché. Que leur aura-t-on donné là? ce ne sont pas des herbes, car leurs urines seraient troubles ; sans doute, comme d'habitude, on ne leur aura rien donné du tout ; mais alors étant à jeun ils ont dû vivre de leur propre sang. Quand Claude Bernard dit qu'il s'est demandé *instinctivement* quelle pouvait être la cause du fait nouveau et quand il ajoute que l'idée a consisté dans le rapprochement que son esprit a fait *spontanément*, son esprit, dans la circonstance, a donc été *passif* et *inconscient*.

Tout a été *involontaire* et *irréfléchi*. Il y a eu là une sorte de révélation, expression dont il se servira lui-même ailleurs, comme nous le verrons ultérieurement, pour qualifier l'intuition.

Nous venons de montrer comment une idée de rapport peut naître d'une perception de ressemblance; l'exemple suivant nous permettra de signaler un second mode de production.

DEUXIÈME EXEMPLE.

Après avoir fait une découverte et l'avoir déjà démontrée, Claude Bernard imaginait de nouvelles expériences, qui devaient la confirmer davantage; ainsi fit-il pour les lapins herbivores devenant carnivores par l'abstinence. Mais voici que dans le cours de ces opérations de contre-épreuve, il fera tout à coup une autre découverte portant sur un objet tout différent.

Dans l'intérieur du ventre, près de l'estomac, il y a une glande, le *pancréas*, dont alors les fonctions n'étaient pas connues et qui vont lui être dévoilées soudainement.

Notons encore, pour l'intelligence du récit, les détails suivants :

La portion de l'intestin qui fait immédiatement suite à l'estomac est appelée *duodenum*.

C'est dans le duodenum que les aliments, précédemment ramollis et liquéfiés, commencent à pénétrer dans la circulation en passant par des vaisseaux extrèmement fins, dits *chylifères*.

Durant la digestion, ces chylifères sont très visibles sous la forme de *filaments blanchâtres*.

Dernier détail. La matière liquide qui doit pénétrer dans ces petits vaisseaux, le *chyle*, contient beaucoup de *matières grasses*, et chacun sait que la graisse, comme l'huile, ne se mêle à l'eau qu'en présence d'un troisième corps, la gomme, par exemple; on dit alors qu'il y a *émulsion;* la graisse ou l'huile est *émulsionnée*, mais toutes sortes de corps autres que la gomme sont des agents émulsionnants.

Et maintenant laissons parler Claude Bernard :

« Pour prouver que mes lapins à jeun étaient bien des carnivores, il y avait une contre-épreuve à faire. Il fallait réaliser expérimentalement un lapin carnivore en le nourrissant avec de la viande... C'est pourquoi je fis nourrir des lapins avec du bœuf bouilli... Ma prévision fut encore vérifiée, et pendant toute la durée de cette alimentation animale, les lapins gardèrent des urines claires et acides.

« Pour achever mon expérience, je voulus en outre voir par l'autopsie si la digestion de la viande s'opérait sur le lapin comme chez un carnivore. Je trouvai en effet tous les phénomènes d'une très bonne digestion... et je constatai que tous les vaisseaux chylifères étaient gorgés d'un chyle blanc, laiteux... *Mais voici qu'à propos de ces autopsies, il se présenta un fait auquel je n'avais nullement pensé, et qui devint pour* moi, comme on va le voir, le point de départ d'un nouveau travail (lisez d'une grande découverte).

« Il m'arriva, en sacrifiant les lapins auxquels j'avais fait manger de la viande, de remarquer que des chylifères blancs et laiteux commençaient à être visibles *à la partie inférieure du duodenum...* Ce fait attira mon attention, parce que chez les chiens les chylifères commencent à être visibles *beaucoup plus haut dans le duodenum.* En examinant la chose de plus près, je constatai que cette particularité chez le lapin *coïncidait* avec *l'insertion du canal pancréatique* situé dans un point *très bas et précisément dans le voisinage du lieu où les chylifères commençaient à contenir du chyle.*

2

« L'observation *fortuite* de ce fait réveilla en moi une idée
et *fit naître dans mon esprit la pensée* que le suc pancréatique
pouvait bien être la cause de l'émulsion des matières grasses
et par suite celle de leur absorption par les vaisseaux
chylifères. »

Pour vérifier son idée, Claude Bernard mit de l'huile dans
une fiole et y ajouta du suc pancréatique; or l'émulsion se
produisit immédiatement et de même pour la graisse :
grande découverte qui conduisit ensuite à toute sorte d'autres
également importantes.

Remarques. Ici encore l'idée a surgi à la fois spontanément,
soudainement, et cette fois avec un caractère si tranché
d'irréflexion, que dans le moment l'attention était fixée sur
un tout autre point. Mais le mobile qui a poussé l'esprit à
rapprocher le fait nouveau d'un autre n'a plus été le même.
Tandis que dans le précédent exemple il a consisté dans la
perception d'une ressemblance, ici c'est la *perception d'une
coïncidence* qui détermina la découverte.

D'une part vaisseaux chylifères blancs, visibles seulement
à la partie inférieure du duodenum, et *d'autre part, juste en
regard,* l'ouverture de l'orifice pancréatique.

Comme on le verra, des deux perceptions de ressemblance
et de coïncidence, c'est la dernière qui est le plus souvent le
mobile poussant l'esprit à l'idée de rapport.

Que de particularités à relever dans ces deux premières
découvertes dans lesquelles l'évolution intellectuelle s'est
faite au mépris des lois les plus formelles de la logique !
Comment ! la logique blâme et condamne toutes les idées
préconçues, et ici c'est une idée préconçue qui deux fois a
fait la découverte. La logique ne permet de tirer les déductions que d'un nombre considérable de faits, et ici c'est à la
première apparition d'un fait nouveau que l'esprit s'est mis à

déduire. Pour le classement des faits et leur rapprochement
entre eux, la logique stipule tout un ensemble de ressemblances essentielles ou bien les longues statistiques venant
appuyer les lois de coïncidence, et ici c'est, dans l'un des cas,
une seule ressemblance et, dans l'autre, une seule coïncidence
qui a tout révélé. Hâtons-nous d'ajouter que ces considérations n'atteignent aucunement la légitimité de la logique en
tant qu'art de raisonner; car ici il s'agit de découvertes de
prime-saut, c'est-à-dire faites sans raisonnement aucun. « *J'ai
pensé instinctivement,* a dit Claude Bernard, *c'est le fait qui
m'a fait venir la pensée.* »

TROISIÈME EXEMPLE.

Personne n'ignore que nous avons deux espèces de sang:
le sang artériel, qui est d'un *rouge vif*, et le sang veineux, qui
est *noir;* or Claude Bernard a découvert qu'aussi, dans certaines veines, le sang est rutilant, soit d'une manière permanente, soit temporairement; mais laissons parler le maître.

« En recherchant comment s'éliminaient par le sang qui
sort du rein les substances que j'avais injectées, j'observai par
hasard que le sang de la veine rénale était rutilant, tandis
que le sang des veines voisines était noir comme du sang
veineux ordinaire. *Cette particularité imprévue me frappa,* et
je fis ainsi l'observation d'un fait nouveau qu'avait engendré
l'expérience, et qui était étranger au but expérimental que je
poursuivais dans cette même expérience. Je portai toute mon
attention sur cette singulière coloration du sang veineux
rénal, et lorsque je l'eus bien constaté et que je me fus assuré
qu'il n'y avait pas de causes d'erreur dans l'observation du
fait, je me demandai *tout naturellement* quelle pouvait en être
la cause. Ensuite, examinant l'urine qui coulait par l'urétère

et en réfléchissant, l'idée me vint que cette coloration rouge du sang veineux pourrait bien être en rapport avec l'état sécrétoire ou fonctionnel du rein. Dans cette hypothèse, en faisant cesser la sécrétion rénale, le sang veineux devait devenir noir : c'est ce qui arriva ; en rétablissant la sécrétion rénale, le sang veineux devait redevenir rutilant : c'est ce que je pus vérifier encore, chaque fois que j'excitais la sécrétion de l'urine. J'obtins ainsi la preuve expérimentale qu'il y a un *rapport* entre la sécrétion de l'urine et la coloration du sang de la veine rénale. »

L'auteur relate ensuite toute sorte d'autres expériences qui lui ont permis de généraliser son idée, et il termine son exposé par cette proposition philosophique : Les *idées expérimentales* (lisez *intuitives*) peuvent prendre naissance à l'occasion d'observations *fortuites*, et en quelque sorte *involontairement*, qui se présentent à nous, soit *spontanément*, soit à l'occasion d'une expérience *faite dans un autre but.* »

Les caractères distinctifs de l'idée intuitive se retrouvent donc ici encore et, comme dans la précédente histoire, le mobile qui a poussé l'esprit à rapprocher un fait d'un autre a été *la perception d'une coïncidence :*

a) Sang rouge des veines rénales ;

b) Urine coulant sans cesse, goutte à goutte, des reins dans la vessie. (Il faut savoir que parmi les glandes le rein fait exception, en ce que la sécrétion y est continue, véritable filtre permanent, tandis que les autres glandes, les salivaires par exemple, produisent leurs liquides seulement dans des circonstances déterminées.)

La vue du sang rouge des veines rénales a frappé l'esprit et tout de suite, d'emblée, l'attention s'est portée *sur un autre fait à côté*, l'écoulement incessant de l'urine : perception d'une coïncidence.

Avant d'analyser des découvertes intuitives dues à d'autres
auteurs, et dans lesquelles se constatera la même évolution
intellectuelle, nous croyons utile de rapporter deux innovations de Claude Bernard qu'il a réalisées à la manière ordinaire ; on y verra notamment quelle profonde différence
sépare l'idée intuitive de l'*hypothèse*.

QUATRIÈME EXEMPLE.

« Vers 1846, dit Claude Bernard, je voulus faire des expériences sur *la cause de l'empoisonnement par l'oxyde de carbone*. Je savais que ce gaz avait été signalé comme toxique,
mais je ne savais absolument rien sur le mécanisme de cet
empoisonnement... ; j'empoisonnai un chien en lui faisant
respirer de l'oxyde de carbone, et immédiatement après la
mort je fis l'ouverture de son corps. Je regardai l'état des
organes et des liquides. Ce qui fixa tout aussitôt mon attention, ce fut que *le sang était rutilant dans tous les vaisseaux,
dans les veines* aussi bien que dans les artères... ; je répétai
cette expérience sur des lapins, sur des oiseaux, sur des grenouilles, et partout je trouvai *la même coloration rutilante
générale du sang*, mais je fus distrait de poursuivre cette
recherche, et je gardai cette observation pendant longtemps
sans m'en servir autrement que pour la citer dans mes cours
à propos de la coloration du sang.

« En *1856*, personne n'avait poussé la question expérimentale plus loin, et dans mon cours au Collège de France sur
les substances toxiques et médicamenteuses, je repris l'étude
sur l'empoisonnement par l'oxyde de carbone que j'avais com-
mencée en *1846*. Je me trouvais alors dans un cas mixte,
car à cette époque je savais déjà que l'empoisonnement par
l'oxyde de carbone rend le sang rutilant dans tout le système

circulatoire. Il fallait faire des *hypothèses* et établir une idée préconçue sur cette première observation, afin d'aller plus avant. Or, en *réfléchissant* sur ce fait de rutilance du sang, *j'essayai de l'interpréter* avec les connaissances antérieures que j'avais sur la cause de la couleur du sang, et alors toutes les réflexions suivantes se présentèrent à mon esprit (nous passons sous silence les réflexions, inutiles ici). Si tout cela était vrai, dit Claude Bernard, le sang pris dans les veines devra contenir de l'oxygène comme le sang artériel ; c'est ce qu'il faut voir. A la suite de ces raisonnements, j'instituai une expérience pour vérifier l'hypothèse relative à la persistance de l'oxygène dans le sang veineux. » Or on n'en trouva point, et l'hypothèse fut reconnue fausse ; heureusement que Claude Bernard, fidèle à une règle qu'il ne cesse de rappeler dans ses livres, celle de faire en toutes circonstances des expériences comparatives, se mit à rechercher aussi l'oxygène dans le sang artériel ; voici qu'ici encore, contrairement à l'état ordinaire des choses, l'oxygène fit défaut ; « mais, dit l'auteur, cette impossibilité d'obtenir de l'oxygène du sang (même artériel) fut pour moi une deuxième observation qui me suggéra de nouvelles idées d'après lesquelles je formai une nouvelle hypothèse. Que pouvait être devenu cet oxygène du sang ?... Je m'épuisai en conjectures. » Enfin il eut la clef du mystère et prouva expérimentalement que l'oxyde de carbone chasse l'oxygène du sang, se fixe dans le globule et forme avec celui-ci une combinaison définie. Les animaux empoisonnés par l'oxyde de carbone meurent parce que les globules sanguins sont devenus impropres à l'importante fonction dont ils sont chargés, celle d'apporter l'oxygène à tous les tissus.

Quel contraste entre cette découverte et les précédentes sous le rapport de l'évolution intellectuelle !

Dans les exemples précédents la découverte a surgi d'elle-même dans l'esprit : ici c'est l'esprit qui s'est efforcé d'arracher ses secrets à la nature.

Là le fait initial était à peine aperçu que ses rapports naturels avec d'autres faits étaient saisis et la cause même en était trouvée : ici le fait initial est resté sans signification *pendant dix ans.*

Là, sauf la vérification expérimentale qui demande du temps, tout était terminé aussitôt que commencé, tandis qu'ici l'esprit a passé par toute sorte d'hypothèses fausses, et encore au moment d'arriver au but, il a fallu, pour nous servir des expressions mêmes de Claude Bernard, s'épuiser en conjectures.

Point n'est besoin de citer d'autres exemples de découvertes ainsi faites péniblement au moyen d'hypothèses successives et tour à tour renversées. L'histoire des sciences en fourmille, et Claude Bernard en signale un grand nombre dans ses propres travaux.

On voit maintenant quelle différence il y a entre l'idée intuitive et l'hypothèse; évidemment l'hypothèse est l'effet d'un acte volontaire de notre esprit, nous sommes libres de faire des hypothèses ou de ne pas en faire, tandis que le propre de l'idée intuitive est tout au contraire d'être involontaire, irréfléchie, surgissant en quelque sorte d'elle-même, surprenant l'esprit qu'elle dominera aussitôt et qu'elle entraînera dans une direction inattendue et nouvelle. C'est donc à tort que les auteurs, Claude Bernard nommément, ont confondu les deux faits intellectuels, hypothèse et idée intuitive, sous la rubrique commune d'*idées préconçues* ou *a priori.* De ce que, dans les sciences, les idées nouvelles, quelles qu'elles soient, sont toutes assujetties au contrôle des faits et des expériences, il n'en est pas moins vrai que l'hypothèse et l'idée intuitive, considérées en elles-mêmes, constituent des

faits tout à fait différents, nous dirons même opposés ; car
l'hypothèse, répétons-le, est toujours l'effet de réflexions préa-
lables, tandis qu'il est de la nature de l'idée intuitive d'être
précisément irréfléchie.

Passons à une autre découverte de Claude Bernard, qui a
été faite par lui très rapidement, quoique l'intuition n'y eût
point présidé. S'il y est néanmoins arrivé directement, sans
emploi d'hypothèses, c'est grâce à certaines conditions qu'il
est nécessaire de connaître. Relatons d'abord la découverte
que les personnes étrangères à la médecine ont déjà pu lire
dans la *Revue des Deux-Mondes*, le maître l'y ayant lui-
même racontée.

QUATRIÈME EXEMPLE.

Il s'agit du curare, poison merveilleux, composé chez les
sauvages de l'Amérique du Sud ; certains individus, devins,
sorciers, médecins, le préparent pour en enduire les flèches
dont on se sert soit à la guerre, soit à la chasse ; en guerre,
cela se comprend, mais à la chasse ! Est-ce donc que le gibier,
ainsi empoisonné, serait un aliment inoffensif ? Oui, et parmi
les sauvages, l'auteur de l'invention n'a pas dû manquer
d'esprit d'observation, puisqu'il a constaté l'innocuité de cette
nourriture, sans compter toutes les remarques qu'il a dû faire
pour préparer le poison, de la composition duquel quelques
adeptes se sont jusqu'ici réservé le secret. Le piquant de la
chose aujourd'hui est que, dans les laboratoires de physiologie, les plus grands savants ignorent la composition de
cette substance qu'ils manient journellement, de sorte que,
sur ce point de la question, ce sont des ignorants de l'Amérique qui sont savants, et les savants de l'Europe qui sont
ignorants ; cela soit dit en passant.

En 1845 on remit une certaine quantité de curare à Claude Bernard. Il en plaça une petite dose sous la peau d'une grenouille; elle mourut après quelques minutes, ou du moins elle paraissait morte; aussitôt il en fit l'autopsie, et non seulement il ne trouva aucun désordre organique, mais le cœur continuait ses mouvements, les globules du sang n'étaient nullement altérés et, chose singulière chez un animal étendu sans mouvement, les muscles se contractaient sous l'influence de l'électricité. Donc, s'est dit Claude Bernard, ce sont les nerfs que le curare a dû paralyser, première donnée dès lors acquise.

Cependant, en répétant les expériences sur de nombreux animaux, il lui sembla qu'avec l'électricité, les contractions musculaires, loin d'être plus faibles que d'ordinaire, étaient plus fortes. Alors, pour mieux s'assurer de la chose, il fit l'expérience suivante :

Ayant pris une grosse grenouille, il commença par lier les vaisseaux d'un des membres postérieurs, en ayant soin de laisser les nerfs intacts, après quoi seulement il déposa un peu de curare sous la peau du dos. Naturellement le poison entra dans les vaisseaux de la circulation, se répandit dans tout l'organisme, excepté dans le membre postérieur, dans lequel la ligature empêchait le sang d'arriver. Or l'emploi de l'électricité prouva effectivement que, sous l'influence du curare, la contractilité des muscles devenait plus énergique, les mouvements se montrant plus faibles dans le membre préservé que dans l'ensemble du corps. Mais voici que dans le cours de ces expériences, un phénomène bien plus curieux se révéla. Quand on pinçait l'animal sur n'importe quelle partie du corps, dans le dos, par exemple, ou à la face, on voyait que la sensibilité était conservée partout, car l'animal témoignait chaque fois ses souffrances par de vives agitations dans

le membre épargné. Donc, deuxième conclusion, les nerfs de
la sensibilité conservent partout leurs propriétés normales, et
l'action du curare porte uniquement sur les nerfs moteurs.

Pour caractériser la grandeur de cette découverte, nous
emprunterons à la *Revue des Deux-Mondes* deux intéressantes
observations.

Un chien d'une humeur douce avait été blessé par une flèche
empoisonnée. D'abord l'animal ne s'en aperçut pas : il courait,
gambadait joyeusement comme à l'ordinaire ; mais bientôt, comme
s'il eût été fatigué, il se coucha sur le ventre, dans une attitude très
naturelle. Quand on appelait le chien, il répondait à l'appel ; il se
levait et venait, mais après des sommations réitérées et avec une
sorte de lassitude. Peu de temps après, le chien ne pouvait plus se
lever, malgré ses efforts ; il avait conservé toute son intelligence et ne
paraissait nullement souffrir ; seulement ses jambes, et particulièrement
celles du train de derrière, n'obéissaient plus à sa volonté. Lorsqu'on
parlait à l'animal, il répondait parfaitement bien par les mouvements
de la tête, par l'expression des yeux et par l'agitation de la queue ;
mais un peu plus tard la tête tomba, l'animal ne pouvait plus la
soutenir. Le chien était alors couché et respirait avec calme, comme
un animal qui aurait reposé tranquillement ; si on l'appelait, sa queue
seule pouvait s'agiter, et ses yeux se tourner encore et sans aucune
expression de souffrance ; pour montrer qu'il entendait. Enfin les
mouvements respiratoires cessèrent peu à peu, et les yeux étaient déjà
devenus ternes et sans vie que des mouvements légers de la queue
venaient témoigner que le chien entendait encore celui qui lui parlait.

Un autre chien d'une nature féroce, et cherchant à mordre tous
ceux qui l'approchaient, fut piqué par une flèche empoisonnée.
Pendant les premiers moments, l'animal farouche, blotti dans son
coin, faisait entendre des grondements mêlés d'aboiements toutes les
fois qu'on se dirigeait vers lui. Après six ou sept minutes, l'animal
se coucha, ses jambes ne pouvaient plus le soutenir, et ses cris
s'éteignirent, mais il n'en était pas moins furieux. Toutes les fois
qu'on approchait, il montrait les dents et roulait des yeux flamboyants.
Quand on lui présentait un bâton, il le mordait avec force et avec
une rage silencieuse. Cette rage ne s'éteignit qu'avec la vie, et lorsque
le chien ne pouvait plus la manifester par ses lèvres et par ses dents,
elle était encore dans ses regards, qui, les derniers, exprimèrent sa
furie.

Les deux expériences qui précèdent nous montrent que dans l'empoisonnement par le curare l'intelligence n'est point anéantie; chacun de nos animaux a conservé son caractère jusqu'au bout.... Dans ce corps sans mouvement, derrière cet œil terne et avec toutes les apparences de la mort, la sensibilité et l'intelligence persistent encore tout entières. Le cadavre que l'on a devant les yeux entend et distingue ce que l'on fait autour de lui, il ressent des impressions douloureuses quand on le pince ou qu'on l'excite. En un mot, il a encore le sentiment et la volonté, mais il a perdu les instruments qui servent à les manifester (c'est à-dire les nerfs moteurs).

Mais, doit-on se demander, d'où vient que les animaux succombent, le curare n'affectant que les nerfs moteurs et respectant les fonctions principales, sensibilité, intelligence, circulation? C'est que le poison, se répandant graduellement dans tout l'organisme, finit par atteindre aussi les nerfs moteurs des muscles de la respiration, de sorte que la mort arrive alors par asphyxie. Claude Bernard a prouvé expérimentalement que tel était le mécanisme de la terminaison fatale en montrant qu'on pouvait retarder celle-ci au moyen de l'insufflation artificielle d'air dans les poumons. Non seulement la vie se maintient ainsi, mais avec une insufflation artificielle régulièrement instituée, les animaux ne tardent pas à se rétablir complètement, le poison étant peu à peu éliminé par les sécrétions naturelles, urines, sueurs.

Claude Bernard a encore déduit de sa découverte un autre moyen de guérison. Supposons qu'une personne soit blessée à un bras par une flèche enduite de curare, on laissera d'abord un commencement de paralysie s'établir; puis, au-dessus de l'endroit de la blessure, une bande sera appliquée et suffisamment serrée pour que la pénétration du poison dans la circulation soit arrêtée; naturellement la portion déjà absorbée sera éliminée par les sueurs et autres sécrétions naturelles, et le commencement de paralysie se dissipera. Alors on relâchera la bande et on laissera passer une deuxième portion de poison, et, les effets ayant recommencé à se reproduire, on replacera la bande, et ainsi de suite jusqu'à ce que, à l'endroit de la plaie, toute la substance vénéneuse ait disparu. L'efficacité de cette pratique s'est vérifiée dans de nombreux essais faits sur des animaux.

Remarques. L'histoire que nous venons de relater est le saisissant exemple d'une découverte menée rapidement, quoique l'intuition n'y eût point présidé. Claude Bernard, qu'on avait un jour prié d'étudier les effets du curare, se mit au travail, institua les expériences, les poursuivit méthodiquement, et sans passer par les hypothèses ni les tâtonnements, atteignit le but directement. Quelles heureuses circonstances l'ont donc ici favorisé à ce point? Rien de plus facile à comprendre. A l'époque où il a entrepris cette étude, quoique la physiologie fût encore moins avancée qu'elle ne l'est aujourd'hui, déjà c'était chose connue que notre organisme possédait deux espèces de nerfs, les *sensitifs*, qui transmettent les impressions de la périphérie au centre, et les nerfs *moteurs*, communiquant nos volontés aux muscles ; on savait de plus que les muscles jouissent d'une contractilité particulière, dite *irritabilité hallérienne.*

Partant de là, lorsqu'ayant empoisonné une première grenouille, Claude Bernard la vit s'affaisser et *rester immobile*, l'autopsie pratiquée immédiatement ne révélant aucun désordre intérieur, il a dû penser aussitôt qu'il s'agissait là d'une *paralysie ;* alors, avec l'électricité, il s'assura que celle-ci ne tenait pas à la perte de la contractilité musculaire, et il devenait évident pour lui que la paralysie provenait de la perte ou de la suspension des fonctions des nerfs. Voici qu'incidemment, dans l'intéressante expérience de la grenouille à laquelle il avait lié une des artères, il constata que la sensibilité générale était intacte; donc, se dit Claude Bernard, l'action du curare a dû uniquement porter sur les nerfs moteurs.

Et maintenant on voit pourquoi l'expérimentateur est ici arrivé au but en droite ligne. Ayant pu, dans le cours de ses recherches, se guider d'après une loi déjà connue, celle qui régit les nerfs sensitifs et moteurs, il a procédé dans son investigation avec la sûreté du physicien et du chimiste qui aujourd'hui, dans la plupart de leurs expériences, élucident l'inconnu au moyen du connu.

Il suit de là que les découvertes ne se divisent pas seulement en *intuitives* et *raisonnées*, mais que les dernières se subdivisent encore en découvertes réalisées, les unes au moyen d'hypothèses, les autres en conformité de lois acquises. A cette proposition se rattachent les suivantes qui, à notre étonnement, n'ont pas encore été formulées, du moins que nous sachions.

Dans la marche des sciences, l'évolution intellectuelle présente de grandes différences, selon que les sciences sont plus ou moins avancées.

Dans les sciences très avancées, telles que la physique, la chimie, le fait nouveau s'explique d'ordinaire facilement dans une des lois connues; s'il ne rentre dans aucune de celles-ci, il restera enregistré comme fait *singulier, bizarre,* pour nous servir des expressions usuelles, jusqu'à ce qu'une personne plus clairvoyante saisisse le rapport qui le relie à un autre et ainsi lui trouve son classement.

Considérons-nous au contraire une science peu avancée ou encore en voie de formation, la physiologie, par exemple; naturellement la situation y sera inverse; car c'est le nombre de faits inexpliqués qui y est considérable, et lorsqu'on s'en rendra compte, ce sera soit au moyen d'hypothèses successivement rectifiées, soit grâce à des idées intuitives, tandis que les découvertes, menées comme celle des effets du curare, en conformité de lois acquises, y seront rares en proportion. Ajoutons que la physique et la chimie ont aussi passé par la phase commençante et leurs Claude Bernard se sont alors appelés, en physique, Newton, Galilée, Archimède ; quant à la chimie, lorsque nous en résumerons l'histoire d'après Hœfer, nous constaterons que cette science ne date pas seulement de Lavoisier, et que là aussi de nombreuses et importantes découvertes avaient été faites antérieurement et déjà très anciennement.

Telle nous semble être la manière dont les sciences progressent ; en ce qui concerne leur commencement, pour savoir comment elles naissent, nous en avons un exemple dans l'histoire même du curare, dont nous devons ainsi nous occuper encore une fois.

Et en effet, d'où est sortie la découverte des effets de ce poison, sinon de l'invention des flèches empoisonnées des sauvages ; à la chasse, le gibier insuffisamment blessé échappait trop souvent, et un jour on a perfectionné les flèches en les enduisant de curare. Cette antériorité de l'invention des sauvages sur la découverte de Claude Bernard constitue un fait considérable, parce qu'il concorde avec les enseignements de l'histoire sur la culture des arts comme ayant précédé la formation des sciences. Celles-ci ont pris naissance dans ceux-là, et conséquemment rechercher quelle a été l'évolution intellectuelle à l'origine des sciences, c'est se demander comment l'esprit humain procède dans les inventions ; c'est ce qui apparaîtra ultérieurement dans d'autres relations.

Mais avant d'abandonner l'histoire du curare, et pour en revenir à l'*intuition*, notre objectif principal, nous devons noter que chez les sauvages de l'Amérique, quoique l'usage de ce poison remonte à une époque très éloignée (Raleigh, qui a découvert la Guyane en 1595, en a rapporté en Europe), le secret de sa composition n'est connu sur place que de quelques rares adeptes ; on lit dans la *Revue des Deux-Mondes :*

> De Humboldt a pu assister à la fabrication du curare. C'est une sorte de fête comparable à celle des vendanges. Les sauvages vont chercher dans les forêts les lianes du venin, après quoi ils font fête et s'enivrent avec de grandes quantités de boissons fermentées. Pendant deux jours on ne rencontre que des hommes ivres. Lorsque tout dort dans l'ivresse, *le maître du curare*, qui est en même temps le sorcier et le médecin de la tribu, se retire seul, broie les lianes, en fait cuire le suc et prépare le poison. (Il a été reconnu depuis que dans la composition les lianes ne sont qu'un accessoire.)

Ce récit montre implicitement qu'il y a plus de trois siècles, parmi les sauvages, quelqu'un a vu des choses et saisi des rapports qui ont échappé aux autres, et que de ses observations il a déduit une invention. Il est également prouvé que, chez les sauvages aussi, un individu est susceptible d'avoir des idées intuitives ; seulement, et comme nous le verrons par de nombreux exemples, le cas échéant, ce sont les applications pratiques de l'idée qui préoccupent surtout les ignorants. Nous aurons l'occasion de développer ces considérations.

Avant de quitter les découvertes de Claude Bernard, dont les exemples rapportés ne constituent que la très faible partie, saluons sa mémoire. L'histoire le comptera parmi les rares hommes qui ont eu le pressentiment des vérités nouvelles, personnalité extraordinaire dont la monographie scientifique est, ce nous semble, un instructif enseignement pour les partisans de la doctrine d'Auguste Comte.

Relatons quelques importantes découvertes dues à l'intuition d'autres individualités que nous trouverons, les unes parmi les savants, les autres parmi les ignorants.

CHAPITRE II.

DÉCOUVERTES ET INVENTIONS INTUITIVES D'AUTEURS DIVERS.

Découverte faite en histoire naturelle par Michael Sars.

En zoologie, parmi les êtres inférieurs, il y a le *strobile*, composé dans la plus grande partie de son corps d'*anneaux juxtaposés et saillants,* dont chacun présente un certain nombre de tubercules ; or un jour que Sars avait devant lui un strobile, chaque anneau lui *parut tout à coup semblable* à un petit être indépendant, à certaine méduse jusque là classée dans une famille à part. « Dès ce moment, dit M. Léon Vaillant, professeur au Muséum, Sars crut pouvoir énoncer cette proposition que le strobile se divisait en un certain nombre de portions dont chacune donnait naissance à un être indépendant, à une méduse, et la démonstration complète ne tarda pas à être fournie par l'étude des changements successifs et suivis pas à pas. » (*Notice sur la vie et les travaux de Michael Sars.*)

Remarques. — Perception fortuite d'une ressemblance, comme mobile de l'idée d'un rapport nouveau, telle a donc été ici encore l'origine de la découverte.

Historique de la percussion et de l'auscultation.

Qui n'a vu les médecins percutant et auscultant la poitrine des malades ? Or ces pratiques ayant seulement surgi vers nos jours, possibilité est de se rendre compte de la manière dont elles sont nées et se sont développées. Dans cet historique, comme dans ceux qui vont suivre, il s'agit de choses si simples et si facilement compréhensibles qu'elles ne sembleraient du domaine ni de la science ni de l'art, si l'on ne savait ce qui en est des découvertes et inventions de choses simples.

Antérieurement à l'emploi de la percussion et de l'auscultation, on connaissait à la vérité diverses maladies de poitrine et de cœur, bronchite, pleurésie, pneumonie, phtisie, endocardite... ; mais, au lit du malade, on ne savait le plus souvent comment les distinguer l'une de l'autre, leurs symptômes les plus apparents, toux, gène de la respiration, palpitations, etc., étant communes si ce n'est à toutes, du moins à plusieurs d'entre elles, difficulté de diagnostic telle, qu'encore vers la fin du 17e siècle un célèbre médecin, Baglivi, a pu écrire : *O quanto difficilius est curare morbos pulmonum, quanto difficilius eosdem cognoscere!* C'est depuis, grâce aux nouvelles pratiques, que les choses ont changé de face, si bien que le diagnostic, sinon le traitement, a acquis un grand caractère de certitude.

En 1760, en Autriche, à Vienne, un médecin du nom d'Auenbrugger, transformé aujourd'hui en Avenbrugger, fit connaître la percussion dans un opuscule dont l'intitulé a été traduit ainsi : *Nouvelle méthode de reconnaître les maladies internes de la poitrine par la percussion de cette cavité ;* ce ne fut qu'un opuscule eu égard au petit nombre de pages, mais œuvre grandiose par son contenu. Dix ans après, l'œuvre fut traduite en français par un médecin de Montpellier, mais elle demeura inaperçue, jusqu'à ce que le célèbre Corvisart l'eût reproduite une seconde fois en notre langue, mais seulement en 1808 : « Je ne connaissais pas cette méthode, dit-il, quand je commençais à enseigner la médecine clinique, et je peux

affirmer que ce procédé est à peu près ignoré dans les écoles...
Sachant bien le peu de gloire dévolue à presque tous les tra-
ducteurs, j'aurais pu m'élever au rang d'auteur en refondant
l'œuvre d'Avenbrugger, et en publiant un ouvrage sur la
percussion ; mais par là je sacrifiais le nom d'Avenbrugger à
ma propre vanité, je ne l'ai pas voulu ; c'est lui, c'est sa belle
et légitime découverte que j'ai voulu faire revivre. »

La méthode, telle qu'Avenbrugger l'a fait connaître, con-
sistait longtemps, car elle a été modifiée depuis, à tapoter la
poitrine avec la pulpe des quatre derniers doigts réunis et allongés, afin de s'assurer si *elle sonnait creux*, comme chez les
personnes bien portantes, ou bien si le *son serait mat*, phénomène qui est déterminé par des maladies diverses, engorge-
ment des poumons qui ne reçoivent plus d'air, liquide épan-
ché dans la cavité des plèvres...

Qu'est-ce qui peut avoir amené Avenbrugger à inventer
tout à coup, dans le siècle dernier, une pratique si peu en
rapport avec les autres méthodes alors en usage? nous disons
inventer et non *découvrir*, attendu qu'ici il est simplement
question de la création d'un moyen utile, pratique, rentrant
dans l'art et non dans la science médicale. Et en effet les
termes *invention* et *découverte* sont loin de représenter la
même idée, ce que M. Littré a déjà fait remarquer dans son
Dictionnaire de la langue française, distinction sur laquelle
nous reviendrons en temps et lieu.

Avant de chercher à analyser l'évolution intellectuelle qui
a présidé à l'invention de la percussion, nous devons indiquer
comment est née l'auscultation, qui tient à la première méthode
par certains liens de filiation qu'à notre connaissance personne
encore n'a signalés.

Le traducteur de l'œuvre d'Avenbrugger, Corvisart, n'a
pas fait que propager les livres d'autrui ; auteur lui-même

d'un ouvrage considérable sur les affections du cœur, il se trouve avoir contribué pour une part à l'institution de l'auscultation, comme le montre le passage suivant de ses écrits : « Toute théorie, avait-il écrit, se tait ou s'évanouit presque toujours au lit du malade pour céder la place à l'observation et à l'expérience. Hé ! continue-t-il, sur quoi se fondent l'expérience et l'observation, si ce n'est sur le rapport de nos sens... Cette justesse, cette précision de nos sens suppose leur fréquente application sur les objets qu'ils peuvent atteindre, et cet exercice doit être convenablement dirigé. »

En conséquence de ces principes, étudiant les maladies du cœur, il inspectait, palpait, percutait la région précordiale, et, quant à l'application de l'oreille, il s'est exprimé comme suit :

« Quelques auteurs (il ne s'agit pas de Lænnec) assurent avoir pu entendre, dans certaines maladies du cœur, le bruit produit par les battements violents de ce viscère, même à une certaine distance du lit du malade. Je n'ai jamais eu occasion de vérifier ces observations, bien rares sans doute : j'ai seulement entendu ces battements en *approchant* l'oreille de la poitrine du malade. »

L'œuvre d'où ces lignes sont extraites a paru en 1811, et c'est cinq ans après, en 1816, que Lænnec instituera l'auscultation :

« Je fus consulté en 1816, dit Lænnec, par une jeune personne qui présentait des symptômes généraux de maladies du cœur...; l'âge et le sexe de la malade m'interdisant l'espèce d'examen dont je viens de parler (application directe de l'oreille sur la poitrine, pratiquée déjà par d'autres médecins, Bayle, Fouquet), je vins à me rappeler un phénomène d'acoustique fort connu : si l'on applique l'oreille à l'extrémité d'une poutre, on entend très distinctement un coup d'épingle donné à l'autre bout. J'imaginai que l'on pouvait peut-être tirer parti, dans le cas dont il s'agissait, de cette propriété des corps. Je pris un cahier de papier, j'en formai un rouleau fortement serré dont j'appliquai une extrémité sur la région précordiale ; et, posant l'oreille à l'autre bout, je fus aussi surpris que satisfait d'entendre les battements du cœur d'une manière beaucoup plus nette et plus distincte que je ne l'avais jamais fait par l'application immédiate de l'oreille.

« Je présumai dès lors que ce moyen pouvait devenir une méthode utile et applicable non seulement à l'étude des battements du cœur, mais encore à celle de tous les mouvements qui peuvent produire du bruit dans la cavité de la poitrine, et par conséquent à l'exploration de la respiration, de la voix, du râle....

« Dans cette conviction, je commençais sur-le-champ à l'hôpital Necker une suite d'observations, qui m'ont donné pour résultat des signes nouveaux, sûrs, faciles à saisir pour la plupart et propres à rendre le diagnostic de presque toutes les maladies des poumons, des plèvres et du cœur, plus certain et plus circonstancié peut-être que les diagnostics chirurgicaux établis à l'aide de la sonde ou de l'introduction du doigt. »

C'était en 1816 qu'il avait fait sa première constatation avec le rouleau de papier, et c'est déjà trois ans après, en 1819, que parut la première édition de son immortel *Traité de l'auscultation médiate*.

« Il a fallu joindre à une patience infatigable, a dit depuis le célèbre Andral, le don d'une délicatesse exquise d'observation et une sagacité bien rare, pour avoir pu dans un délai si court trouver et rassembler tant de faits ; rattacher si bien les nombreux phénomènes que lui découvrait son oreille aux lésions dont ils dépendent ; créer enfin une langue dans laquelle ces mille bruits divers que font entendre les organes thoraciques sains ou malades se trouvent traduits et représentés de la manière la plus fidèle et la plus pittoresque. C'est ainsi qu'il a été donné à Lænnec de porter jusqu'à la perfection la science qui venait de sortir de ses mains. » Ce jugement porté par Andral en 1837 est resté l'expression de l'opinion.

Revenons sur le rouleau de papier que Lænnec remplacera dans ses recherches par une sorte de tube en bois appelé par lui *stéthoscope*, dont l'utilité, la nécessité pour la découverte des mille et un bruits, n'a pas été comprise jusqu'ici par les biographes. C'est, dirons-nous, grâce à cet instrument que Lænnec a pu reconnaître chaque bruit isolément et aussi découvrir le rapport qui relie chaque phénomène entendu à la lésion organique, sa cause déterminante; car avec l'oreille appliquée immédiatement sur la poitrine tout aurait été confus, le même endroit étant très souvent le siège de bruits divers. Si aujourd'hui les médecins se passent du stéthoscope, c'est que dans les cliniques on a fait à cet égard leur éducation. Quand l'élève prévenu sait d'avance qu'en tel endroit de la poitrine il existe un souffle, à côté un râle fin, un peu plus loin tel autre bruit, il lui est facile de s'y reconnaître; mais Lænnec a dû tout apprendre par lui-même, et l'on comprend maintenant de quel avantage a été pour lui son tube qui lui isolait chaque bruit. S'il s'en est exagéré l'importance au point de croire que cet instrument serait à jamais indispensable pour l'auscultation — car de là le titre de son ouvrage, *Traité de l'auscultation médiate* — cela même démontre de quelle utilité lui a été le stéthoscope. Quand on veut analyser les découvertes et inventions des temps passés, la première règle est de se replacer aux époques et d'apprécier les choses dans les conditions où on les a produites. « Les grands hommes, a dit Claude Bernard, ont été comparés à des géants sur les épaules desquels sont montés des pygmées, qui cependant voient plus loin qu'eux. » La part ainsi faite à

l'instrument et au hasard de la circonstance qui en a pro-
voqué l'emploi, il faut admirer Lænnec d'avoir pu, dans le
court espace de trois ans, décrire et analyser un nombre considérable de bruits divers, dans les poumons, les plèvres, le
cœur, jusqu'aux manières différentes dont la voix retentit
dans la poitrine, le malade parlant pendant que le médecin
écoute. En présence de semblables résultats et si l'on considère combien d'ordinaire l'observation trompe, on ne peut pas,
ce nous semble, ne pas reconnaître que Lænnec a été doué de
l'aptitude intuitive, disposition à percevoir plus ou moins
souvent d'emblée les rapports naturels des faits entre eux.

Cependant l'auscultation serait dans bien des cas insuffi-
sante sans l'aide de la percussion, ce que Lænnec a lui-même
déclaré : « La percussion, dit-il, devient très précieuse par sa
réunion avec l'auscultation », et parlant d'Avenbrugger, il
dit : « De toute antiquité sans doute et de nos jours même, il
n'est personne qui n'ait vu des gens du peuple se frapper la
poitrine en se félicitant d'avoir un bon creux. De la connaissance de ce fait à conclure que la même résonnance ne peut
plus exister quand le poumon est engorgé ou la poitrine remplie par un liquide, il semble qu'il n'y ait qu'un pas, et cependant Avenbrugger fit le premier cette réflexion vers le milieu
du siècle dernier. Il la mûrit pendant sept ans dans le silence
et, comme il le dit lui-même, au milieu de recherches labo-
rieuses et dégoûtantes (*inter labores et tœdia*). Il publia, au
bout de ce temps, une brochure de cent pages, n'obtint pour
prix de sa découverte qu'une mention de Van Swieten et de
Stoll (célèbres médecins de l'époque), qui ne fixa pas sur lui
l'attention de ses contemporains, et il mourut peut-être
sans se douter de l'importance que devaient acquérir ses
recherches. » Honneur à Lænnec, qui n'a pas craint de
rehausser ainsi son rival en gloire !

Et maintenant venons à la question posée plus haut.

Comment, dans le siècle dernier, l'idée de percuter les poitrines a-t-elle pu surgir, idée tellement contraire à l'esprit de l'époque, que l'importance en restera méconnue durant une cinquantaine d'années. Quelle circonstance peut l'avoir éveillée chez Avenbrugger et aussi l'avoir imprimée en lui avec assez de force pour qu'il consacrât sept années à sa vérification, au milieu des moqueries de ses confrères (*inter tœdia*). « La troupe des envieux, dit-il, des sombres jaloux, des haineux, des médisants et des calomniateurs même n'a jamais manqué de poursuivre ceux qui ont illustré ou perfectionné les arts et les sciences par leurs découvertes. »

Évidemment, ce nous semble, l'invention de la percussion ne peut avoir été qu'un effet d'intuition, et chez Avenbrugger l'aptitude a dû exister à un haut degré, à en juger par le contenu de son opuscule et aussi par certaines ressemblances qui l'ont frappé soit au début, soit dans le cours de ses recherches.

Écartant les théories, il ne vit que les faits et les résuma en aphorismes, dont nous devons rapporter ici quelques-uns.

S'occupant d'abord de l'état des choses chez les personnes bien portantes, il débute par une comparaison aussi juste qu'originale :

« Le son que rend la poitrine se remarque tel qu'il a coutume d'être *sur les tambours, quand ils sont couverts d'un drap ou d'un autre tissu de laine grossière.* »

Nous avons déjà dit comment il percutait, assez faiblement, avec l'extrémité des doigts rapprochés les uns des autres et allongés.

« Tout le sternum percuté résonne aussi clairement que les côtés, à l'exception de cet endroit derrière lequel une partie du cœur est située. On perçoit là en effet un son un peu plus obscur.

« Ce son est plus clair chez les hommes maigres, plus obtus
chez les charnus.

« Les premiers demandent une plus forte percussion, etc. »

Étudiant ensuite les diverses modifications de ce son dans
les diverses affections des poumons et du cœur, il recueille
des données aussi délicates que variées.

« Ces différences, dit-il, dans un de ses aphorismes,
dépendent de la cause qui peut diminuer ou enlever le volume
ordinaire de l'air contenu dans les poumons.

« Une telle cause, soit qu'elle consiste dans une masse
liquide, soit dans une masse solide, produira ce que nous
observons, par exemple, sur les tonneaux, qui, lorsqu'ils sont
vides, résonnent sur tous les points, mais qui remplis perdent
d'autant plus de son que le volume d'air y est plus diminué. »

Laquelle des deux ressemblances l'aura frappé d'abord et
surtout initialement ? Est-ce celle avec les *tonneaux* ou bien
l'autre avec les *tambours couverts d'un drap?* Cette dernière,
a dit M. Corvisart, est *assez ingénieuse et surtout assez juste :*
et en effet, le son clair que donne la poitrine percutée provient
de l'air des poumons et sa nuance plus ou moins sourde des
tissus superposés (côtes, muscles, graisse, peau). Quelle circonstance, quel hasard a pu amener semblable rapprochement
dans l'esprit d'Avenbrugger? On ne sait; mais eu égard aux
données obtenues par l'analyse des découvertes de Claude
Bernard, nous nous croyons autorisé à induire que c'est la
perception du son des tambours couverts d'un drap qui aura
été ici le mobile de l'innovation intuitive.

Quoi qu'il en soit de ce détail, qui est secondaire, l'histoire
de la percussion et de l'auscultation se résume pour notre
étude comme suit :

L'introduction de la percussion dans l'*art* du diagnostic a
été une *invention* qui a amené des *découvertes;* celles-ci ont

porté sur la connaissance des rapports qui existent entre les sons de la poitrine percutée et les états morbides des organes intérieurs.

Lænnec n'a pas inventé l'auscultation, puisque déjà d'autres avaient mis l'oreille sur la poitrine; mais il a inventé un instrument grâce auquel il a largement dépassé Avenbrugger en découvertes.

Lænnec et Avenbrugger ont vu ou, pour mieux dire, *ont entendu* des bruits, des sons qui avaient échappé jusqu'à eux à tous les autres médecins.

Lænnec et Avenbrugger ont possédé l'aptitude intuitive.

Historique de l'inoculation et de la vaccine.

Bien des plumes se sont déjà exercées sur l'histoire de la vaccine et de l'inoculation qui l'a précédée, mais selon nous, on n'a pas encore saisi la véritable manière dont ces pratiques ont surgi et se sont établies; et comment s'en serait-on rendu compte? *Inoculer*, c'est-à-dire insérer systématiquement dans la peau le principe d'une maladie aussi hideuse que la petite vérole; *vacciner*, c'est-à-dire insérer un liquide provenant originairement du pis des vaches, ces mesures préservatrices sont si singulières, que l'idée qui y a conduit ne peut pas avoir été une idée réfléchie, mais seulement une idée intuitive, ce qui ressortira du reste de notre exposé; or, comment jusqu'ici aurait-on analysé sérieusement ces inventions du siècle dernier, la question de l'intuition dans les sciences et les arts n'ayant pas jusqu'ici été abordée? Maintenant qu'avec les déductions tirées des récits de Claude Bernard nous possédons une base de jugement, un criterium, nous pourrons ici encore essayer d'apprécier les choses, et, comme l'on doit s'y attendre, elles nous apparaîtront sous un aspect nouveau. Ce sont des ignorants, paysans, barbares même que nous trouverons à l'origine de ces innovations, et pour la vaccine comme pour l'inoculation, contrairement à ce que jusqu'ici l'on croyait, ils y ont eu le rôle dominant; quant à la gloire de Jenner, elle ne souffrira pas de ce changement de point de vue; car dans le récit qui suit, si elle diminue d'un côté, elle grandira de l'autre.

L'antiquité n'a pas connu la petite vérole; ni Hippocrate ni Galien n'en font mention, et dans les historiens il n'est nulle part question de personnages ayant eu la figure marquée des cicatrices que chacun sait. C'est du reste chose reconnue que cette maladie a seulement surgi vers le 7ᵉ siècle de notre ère, et les premières descriptions en sont dues aux médecins arabes et juifs-arabes, Aaron, Rhazès, Avicenne, qui ont écrit aux 7ᵉ, 8ᵉ et 9ᵉ siècles. Les descriptions laissées par ces auteurs sont fort remarquables en tant que tableaux de symptômes, mais rien de plus bizarre que leurs théories sur la cause et le mode de production du mal. Ne se sont-ils pas imaginé que la petite vérole a régné de tout temps, et, pis encore, qu'elle serait un mal absolument nécessaire à l'homme! Chacun de nous, disaient-ils, apporte en naissant certaines impuretés qui doivent être éliminées dans le cours de la vie, et de là alors ces nombreuses pustules sur tout le corps. C'est pourquoi la dépuration une fois opérée, on ne contracte plus jamais le mal; c'est encore pourquoi, ajoutaient-ils, tous les hommes payent le tribut et d'ordinaire déjà dans l'enfance, ce qui à cette époque arrivait ainsi.

Cette singulière doctrine s'enseignera dès lors dans toutes les Écoles; en vain quelques incrédules objecteront qu'une dépuration physiologique qui se serait opérée de tout temps, se trouverait décrite dans Hippocrate et Galien, qui n'en font pas mention. On répondit à ces raisons péremptoires par des explications encore plus étranges: la matière impure, disait-on entre autres répliques, s'est abattue tout à coup sur tous les

hommes à l'époque de Mahomet, et c'est par hérédité qu'elle
s'est depuis transmise de génération en génération.

Cette doctrine a régné plus de dix siècles depuis le 7e jusqu'au 17e, 18e même. Or, pendant que le monde savant s'éga-
rait ainsi, il se trouve que dans une des populations barbares
de l'époque, en Circassie, dit-on, on a fait certaines remarques
qui aujourd'hui encore sont un objet d'étonnement. Là, dans
le peuple, outre la propagation épidémique par contagion, on
a de plus noté l'autre particularité précédemment mentionnée,
à savoir, la bénignité de la variole inoculée, fait qui constitue
aujourd'hui encore un des plus grands mystères de la médecine. On sait comment les choses se sont dès lors passées, mais
nous devons le rappeler sommairement.

La pratique de l'inoculation se répandit au sein du peuple
dans tout l'Orient, s'introduisit à Constantinople et de là dans
l'Europe entière, grâce à lady Wortley, duchesse de Mon-
taigu, qui fit connaître l'inoculation en Angleterre. On sait
aussi quelle ardente opposition cette pratique a rencontrée là
ainsi que sur le continent; bornons-nous à noter que le
triomphe en était enfin assuré vers la fin du siècle dernier. En
Angleterre, des maisons d'inoculation se fondèrent de tous
côtés, et les inoculés se comptèrent par milliers.

« Des opérateurs, disent les auteurs de l'époque[1], transportaient dans les provinces, *en chaises de poste,* des sujets ayant
la petite vérole, afin d'en prendre la matière, et ils inoculaient
cinq à six cents personnes dans une seule ville.

« En France même succès ; en 1768, l'inoculation variolique
fut pratiquée à l'École militaire et au collège de la Flèche ;
en 1774 Louis XVI et sa famille se soumettent à l'opération ;
alors on célèbre à Paris, sur le Théâtre Italien, la *Fête de l'ino-*

---

[1] Voir Graudoger de Foigny.

culation, divertissement par Favart. L'inoculation devient chose de mode, et les femmes portent des *rubans à l'inoculation*. Dans la Franche-Comté, les médecins opèrent en peu d'années vingt-cinq mille individus, même des enfants nés depuis quinze jours. Semblable succès à Nancy, Strasbourg, Lyon, Marseille, Bordeaux, Nantes : la nation entière paraît s'ébranler, tous les yeux se tournent vers cet objet; tout annonce à l'inoculation variolique un sort tranquille, une fortune décidée. » Arrive la grande tourmente révolutionnaire, et les préoccupations se portent ailleurs; mais dès l'an VII, l'École de médecine de Paris donne à deux de ses membres, au célèbre Pinel et à Leroux, la mission de pratiquer l'insertion variolique en présence d'élèves et de leur faire observer, jour par jour, la marche et la terminaison de la petite vérole inoculée.

En l'an VIII, un *Traité classique d'inoculation,* celui de Dezoteux et Valentin, était sous presse, quand tout à coup arrive de Londres la grande nouvelle, celle de la découverte du *cow-pox* ou *vaccin*, et les auteurs ont encore le temps de la mentionner en note : « Jenner, disent-ils, appuie ce fait *bizarre* de vingt-trois expériences.... C'est avec l'esprit de méfiance qu'il convient d'apporter dans l'examen des nouveautés que nous présentons cette notice. »

Infortunés auteurs ! la nouveauté tuera leur livre à sa naissance. Désormais le cow-pox remplacera le pus variolique dans l'inoculation; ce sera la même opération, avec le même nombre de piqûres que l'on pratiquera aux mêmes régions, et, en tant qu'opération, tout le changement portera sur la matière à insérer, un liquide au lieu d'un autre. Et maintenant transportons-nous en Angleterre et voyons comment le cow-pox y a été découvert.

Ici encore à la tête de la découverte nous retrouvons le

peuple ignorant ; c'est Jenner qui nous l'apprend, amoindris-
sant ainsi lui-même le mérite de ses immortels travaux. Dans
le premier opuscule qu'il a publié sur la question, rapportant
l'observation d'une femme nommée Sarah Portlock, il s'exprime ainsi : « Elle était convaincue d'être à l'abri de la
petite vérole, parce que vingt ans auparavant elle avait été
infectée par le cow-pox (variole de vache). » Et dans un autre
passage, il dit inversement : « C'est un fait *si bien connu*
parmi nos fermiers, que ceux qui ont eu la petite vérole
échappent au cow-pox, qu'aussitôt l'affection manifestée dans
le troupeau, ils se procurent autant que possible des domestiques ayant déjà eu la petite vérole, afin que les travaux de
la ferme ne soient pas arrêtés. » (Jenner. *Recherches sur les
causes et les effets de la variole-raccinæ*, maladie découverte
dans plusieurs contrées de l'Angleterre.... 1798.)

Ainsi c'est chose démontrée que ce n'est nullement à
Jenner qu'appartient la découverte du rapport qui relie le
cow-pox, maladie des vaches, à la petite vérole, maladie de
l'espèce humaine ; c'est chez des fermiers que l'idée est éclose
et s'est enracinée. Ce sont des campagnards qui ont eu la
double conviction que le cow-pox inséré à l'homme le préserve de la petite vérole (Sarah Portlock en était convaincue)
et réciproquement qu'avoir eu la petite vérole, c'est être
garanti contre les boutons qu'on peut contracter en trayant
les vaches. Et ce qui prouve que ces campagnards ont été
des gens incultes, c'est qu'au lieu d'envisager la question
dans l'intérêt de l'espèce humaine, ils ne s'en préoccupèrent
qu'au point de vue de leurs troupeaux. Les vaches atteintes
de la maladie du pis maigrissent, leur lait tarit, et comme
les personnes qui les traient, contractant les boutons aux
mains, en transportaient le virus d'une vache sur l'autre,
« on se procurait autant que possible des domestiques ayant

déjà eu la petite vérole, afin que les travaux de la ferme ne fussent pas arrêtés. »

Préserver les vaches, ce fut là tout l'objectif de ces braves gens. Ajoutons qu'ils trouvèrent aussi la cause de la maladie, ou du moins crurent l'avoir trouvée dans le *grease* des chevaux, *grease, javart, eaux aux jambes chez ces derniers animaux*. Les palefreniers étaient au besoin chargés de traire les vaches, et on se figura que la transmission du cheval à la vache s'opérait par l'intermédiaire de ceux-ci, étiologie possible et qui aujourd'hui encore n'est pas rejetée.

Telle était la tradition populaire, notamment à Berckeley, dans le comté de Glocester, lieu natal de Jenner, qui y arriva comme médecin en 1772, à l'âge de 23 ans, et, entre autres occupations, y pratiquait l'inoculation de la petite vérole. Ayant eu connaissance des idées des fermiers sur le cow-pox, il s'en entretint avec les autres médecins, mais ceux-ci n'y virent qu'un préjugé dénué de raison, et il résolut de vérifier les choses par l'expérimentation.

Pour l'intelligence de cette partie de l'historique, il importe de savoir que Jenner avait l'esprit plus porté vers la science que vers l'art; avant de s'établir à Berckeley, il avait été pendant deux ans l'élève particulier de l'anatomiste Jean Hunter, contribuant à enrichir son musée, et à Berckeley il s'occupait notamment d'histoire naturelle, ce qu'atteste son mémoire publié en 1788 sur les coucous. Dans cette disposition d'esprit, voulant faire des expériences sur le cow-pox, il laissa de côté tout point de vue d'utilité et se borna à étudier les choses en elles-mêmes, abstraction faite de tout intérêt soit d'économie rurale, soit d'humanité.

Pendant une longue série d'années, allant dans les fermes, il rechercha les personnes qui avaient anciennement contracté le cow-pox aux mains dix, quinze, trente, *cinquante-quatre* ans auparavant, et essaya de leur inoculer la variole; or il constata qu'effectivement elles étaient réfractaires à cette maladie, première justification de l'idée populaire.

Le 14 mai 1796, procédant enfin à l'expérience directe, il prit du cow-pox sur les mains d'une servante accidentellement atteinte et il inséra la matière à un petit garçon âgé de huit ans. Les boutons, tels que nous les connaissons aujourd'hui, se développèrent et parcoururent leurs courtes phases. Or, ce garçon devint de même réfractaire à la petite vérole, que quelque temps après Jenner essaya en vain de lui inoculer.

Il est à remarquer que cette expérience, pas plus que les précédentes, n'a été instituée par Jenner dans un but d'utilité pratique; selon son dire même (voir obs. XVII), il l'a faite uniquement pour bien observer l'évolution des boutons. Il avait été si loin de penser à une utilité pratique, qu'il a laissé les boutons se sécher sans s'en être servi pour vacciner un autre enfant, quoiqu'alors déjà la maladie des vaches, tout en étant moins rare qu'aujourd'hui, ne se rencontrât que par intervalles éloignés, au point qu'il pût seulement retrouver du cow-pox à deux ans de là : « Mes recherches, dit-il, furent à ce moment interrompues jusqu'à ce que le printemps humide de 1798 me fournît l'occasion de les reprendre; l'humidité provoqua alors le grease chez les chevaux, ce qui fit reparaître la maladie des vaches dans plusieurs étables. » Ainsi c'est chose démontrée qu'en 1796 Jenner n'avait pas encore eu la pensée que le virus de la vache, transporté dans l'organisme humain, s'y reproduirait avec conservation de ses propriétés anti-varioliques. Notons en passant que, dans le cours de cette expérience, il fit l'importante remarque qui aujourd'hui paraît toute naturelle, mais qui était nouvelle alors, à savoir celle de *la grande ressemblance des boutons du cow-pox inoculé avec les boutons de la petite vérole* inoculée ou spontanée.

Nous voici en 1798 ; s'étant de nouveau muni de cow-pox, il en insère à un enfant, en reporte cette fois le virus sur un deuxième, de celui-ci sur un troisième, jusque sur un cinquième, et quelques semaines après il s'assure que les sujets sont réfractaires à l'inoculation variolique : « Ces résultats, dit-il, m'ont donné beaucoup de satisfaction; ils m'ont incontestablement prouvé que la matière, en passant d'un sujet à l'autre, n'avait rien perdu de sa propriété originaire à la cinquième gradation. »

Est-ce maintenant du moins qu'il saisira toute la portée pratique de ses expériences? Qu'on en juge par les lignes suivantes : « Ne pouvons-nous pas conclure, dit-il, qu'il faut préférer l'inoculation du cow-pox à l'inoculation de la petite vérole, *principalement dans les familles où, par certaines circonstances, il est à craindre que la maladie ne fasse des ravages!* » (On avait depuis longtemps fait la remarque que, dans certaines familles, l'inoculation de la petite vérole était souvent suivie d'accidents graves.) C'est en cette même année 1798 qu'il publie la découverte dans la brochure dont le titre a été donné plus haut.

La brochure paraît et fait sensation en tous pays ; les médecins se font envoyer du cow-pox d'Angleterre, et partout, à Paris, à Milan, à Vienne comme à Londres, on se met à vacciner de bras à bras, mais *indéfiniment,* de sorte que la cinquième gradation de Jenner fut bientôt et largement dépassée. Ce n'est donc pas par le médecin de Berckeley que la portée pratique de la découverte a été saisie, et ce sont ses confrères de Londres et d'autres villes qui ont transformé la découverte en invention : Jenner avait étudié la question uniquement au point de vue scientifique.

La gloire de Jenner n'est donc pas celle qu'on lui a attribuée jusqu'ici ; sa gloire tout d'abord est d'avoir recueilli une tradition populaire tournée en dérision par les autres médecins, de l'avoir ensuite vérifiée scientifiquement et aussi de n'en avoir rien dissimulé, ce qui témoigne d'une parfaite honnêteté, sans compter quelques remarques qui semblent lui appartenir en propre et que l'on trouvera dans ses écrits.

Quant à son infériorité au point de vue de l'intuition, elle nous paraît due à une soumission trop absolue aux règles de Bacon. Expliquons-nous : d'après la tradition populaire, l'immunité de certaines personnes par rapport à la petite vérole remontait à des ulcères contractés autrefois aux mains ; Jenner, au moyen de l'inoculation, appliquant ici à juste titre les règles de Bacon, vérifia la tradition expérimentalement. — En 1796 il eut, pour la première fois, occasion d'examiner les ulcères sur les mains d'une servante de ferme et, selon les règles ici encore fondées de la méthode, il devait recueillir l'observation complète et exacte du fait ; et comme ce n'est point par des ulcères que le mal débute, mais par des boutons, c'est le besoin du complément d'observation qui le poussa à reporter sur un enfant le virus de la servante atteinte accidentellement. (Voir obs. XVII.) Maintenant il peut observer les boutons et il est frappé de leur ressemblance avec ceux de la variole ; mais la méthode de Bacon est si contraire à l'induction précipitée ! Ah ! si Claude Bernard se fût trouvé à sa place !

Est-ce que dans son monologue habituel Bernard ne se serait pas dit ceci : Les boutons sont semblables et les deux virus peuvent se remplacer dans l'inoculation ; or le virus de la petite vérole se reproduit indéfiniment d'un organisme humain à l'autre, donc il doit en être de même pour le cow-pox, et Claude Bernard eût immédiatement vacciné de bras à bras. Mais sous le joug de la méthode de Bacon, l'esprit de Jenner ne pouvait prendre son essor, et le précieux virus se perdra pour deux ans.

Quand enfin, en 1798, il a vacciné de bras à bras, qu'est-ce qui l'y a amené? Est-ce le souvenir de la ressemblance perçue deux ans auparavant qui l'y aura poussé, ou bien voulait-il seulement, dans un but d'observation, examiner des boutons en plus grand nombre et sur des sujets divers? Nous ne savons; la vérité est que Jenner n'a pas compris la portée pratique de ses expériences, il n'a fait que vérifier une tradition établie, et ce sont les autres médecins qui ont transformé la découverte en invention.

Concluons que si Jenner a été un esprit à intuition, la seule preuve positive qu'il en ait donnée consiste dans le fait d'avoir recueilli la tradition populaire; car être allé, dans les fermes, durant vingt ans, procéder à la vérification de celle-ci, c'est avoir eu le pressentiment, on peut dire la conviction anticipée qu'elle était fondée. C'est la méthode de Bacon qui, après cela, aura étouffé chez lui l'aptitude intuitive. «Le génie de l'invention, si précieux dans les sciences, a dit Claude Bernard, peut être diminué ou même étouffé par une mauvaise méthode. »

Est-ce à dire que la méthode de Bacon soit une mauvaise méthode? Personne n'oserait émettre semblable proposition; mais il est permis de dire, après Claude Bernard du reste, que cette méthode n'est point parfaite et en ce qui concerne les idées intuitives notamment, ajouterons-nous, elle en gêne, elle en paralyse l'essor. En attendant que nous justifiions plus complètement cette critique dans la seconde partie de notre étude, il importe de faire ressortir deux grandes différences séparant la méthode expérimentale qu'a suivie Jenner de celle de Claude Bernard.

La première est que Jenner, au moyen d'expériences, n'a fait que vérifier les idées d'autrui, et que Claude Bernard, dans ses découvertes intuitives, a vérifié les siennes propres.

La seconde est que Jenner, de crainte de se tromper, s'est maintenu dans l'observation pure et simple des faits et raisonnait le moins possible, tandis que Claude Bernard donnait carrière à son esprit, à sa raison et ne redoutait pas l'erreur, le doute philosophique étant sa sauvegarde ; car une fois admis en principe que la certitude absolue se trouve seulement dans les formules mathématiques, où serait pour un expérimentateur le danger d'une erreur ? Toutes les théories des sciences physiques et naturelles étant systématiquement considérées comme douteuses, le fait qui surgira en opposition avec l'une d'elles, sera accueilli très volontiers et l'erreur se rectifiera aussitôt.

Reprenons notre historique à partir de l'établissement de la vaccine et nous trouverons un nouvel enseignement dans la manière dont se sont instituées, en ces dernières années, nos revaccinations.

D'après les expériences de Jenner, le cow-pox communiqué directement de la vache à l'homme préserve de la petite vérole pour la vie, et tout semblait indiquer que la même matière, après avoir traversé les organismes humains, le *vaccin* en un mot, ne perdrait rien de sa vertu originaire. Cette induction a séduit tous les esprits et, contrairement à la règle sur le doute philosophique, la préservation pour la vie devint un dogme. Qu'arriva-t-il ? Au bout de quelques années, les petites véroles reparurent ; cela n'est rien, disait-on, on aura mal vacciné. Les épidémies s'accentuent et deviennent de plus en plus fréquentes ; mais la formule de la préservation indéfinie était profondément enracinée dans les esprits, et l'on s'obstina à repousser tous les faits contraires. Cela dura ainsi fort longtemps, plus ou moins selon les pays, en France jusqu'en 1838 ; alors l'Académie des sciences mit au concours la question des revaccinations, et il fut démontré que trop souvent le vaccin ne préservait que pour une dizaine d'années. Or, nous le demandons, si au début on s'était engagé dans la question avec le doute philosophique, est-ce que l'erreur eût duré aussi longtemps? Elle pèse aujourd'hui encore sur la santé publique, en ce sens que tout le monde serait depuis longtemps habitué aux revaccinations décennales et l'on n'attendrait pas le retour des épidémies pour affluer tout à coup chez les médecins, dont les ressources en vaccin sont limitées [1].

Arrivé à la fin de cet historique, nous devons revenir sur le grand rôle joué dans la question par les ignorants.

Ce sont des ignorants qui ont découvert la contagion, c'est-à-dire le *rapport de l'extension épidémique de la petite vérole avec la communication du mal d'homme à homme.*

Ce sont des ignorants qui ont découvert aussi *le rapport*

---

[1] A cette occasion nous appelons l'attention sur un moyen propre à diminuer la propagation épidémique; nous l'avons fait connaître dans une note insérée dans les comptes rendus de l'Académie des sciences (1870), que nous croyons devoir transcrire :

«Soins à prendre pour détruire, après la variole et pendant la période de dessiccation des pustules, les croûtes qui entourent le lit du malade. En étalant un drap autour du lit, et l'enlevant à mesure qu'il se couvre de débris cutanés, pour détruire ces débris par le feu, l'auteur a observé une diminution notable dans la transmission de la maladie. C'est un fait d'ailleurs admis en médecine que, dans toutes les fièvres éruptives, rougeole, scarlatine, variole, c'est surtout à l'époque de la convalescence qu'il y a danger pour l'entourage du malade, sans doute à cause de la desquamation; enfin on s'est servi autrefois pour les inoculations, à défaut de pus variolique, des croûtes elles-mêmes. »

Ajoutons encore ceci : Quelque temps après l'envoi de cette note, nous dirigions à Rennes le service médico-militaire. C'était pendant la guerre; les varioleux affluaient au point que deux hôpitaux s'en remplirent et devinrent ainsi *établissements spéciaux*. Nous fîmes prendre alors la mesure suivante: Des salles de convalescents furent établies dans un bâtiment attenant à l'un des hôpitaux et l'on y dirigeait les varioleux dès que chez eux les croûtes commençaient à se former, afin qu'ils fussent soumis là à une surveillance particulière et devinssent l'objet de soins appropriés, lotions, bains, etc. Les convalescents les plus avancés étaient chargés de ramasser les croûtes partout où ils en rencontreraient et de les brûler. Cette organisation eut des avantages multiples dans les détails desquels nous n'entrerons pas ici.

entre la bénignité de la maladie et le fait de l'avoir contractée
par la voie cutanée.

Ce sont des ignorants qui encore en dernier lieu ont découvert *le rapport entre la petite vérole, affection de l'espèce hu-*
maine, et certaines maladies chez les animaux, cow-pox, grease.

Cette clairvoyance chez des ignorants ne devrait pas surprendre; on lit en effet dans Claude Bernard : « On a souvent
dit que pour faire des découvertes il fallait être ignorant.
Cette opinion, fausse en elle-même, cache cependant une
vérité. Elle signifie qu'il vaut mieux ne rien savoir que
d'avoir dans l'esprit des *idées fixes* appuyées sur des théories
dont on cherche toujours la confirmation, en négligeant
tout ce qui ne s'y rapporte pas. Cette disposition d'esprit
est des plus mauvaises et elle est éminemment opposée à
l'invention. En effet, une découverte est en général un rapport imprévu qui ne se trouve pas compris dans la théorie,
car sans cela il serait prévu. Un homme ignorant, ne connaissant pas la théorie, serait en effet, sous ce rapport, dans de
meilleures conditions d'esprit; la théorie ne le gênerait pas et
ne l'empêcherait pas de voir des faits nouveaux, que n'aper-
çoit pas celui qui est préoccupé d'une théorie exclusive. Mais
hâtons-nous de dire qu'il ne s'agit point ici d'élever l'ignorance en principe. Plus on est instruit, plus on possède des
connaissances antérieures, mieux on aura l'esprit disposé
pour faire des découvertes grandes et fécondes. Seulement il
faut garder sa liberté d'esprit et croire que dans la nature
l'absurde suivant nos théories n'est pas toujours impossible. »

Appliquées textuellement à notre historique, ces remarquables lignes se commentent si bien d'elles-mêmes que la
chose devient plaisante; transcrivons : Il aurait mieux valu que
les médecins arabes et leurs successeurs ignorassent les théories
galéniques, que d'avoir dans l'esprit des *idées fixes* appuyées

sur ces théories dont ils ont cherché toujours la confirmation en négligeant tout ce qui ne s'y rapportait pas. Cette disposition d'esprit a été des plus mauvaises et elle a été éminemment opposée à l'invention. Les barbares orientaux et les paysans de Berckeley, qui ne connaissaient pas la théorie, ont été sous ce rapport dans de meilleures conditions; la théorie ne les a pas gênés et ne les a pas empêchés de voir des faits nouveaux. Enfin, l'inoculation est, au point de vue des idées médicales, la chose la plus absurde qu'on puisse imaginer; mais dans la nature l'absurde suivant nos théories n'est pas toujours impossible. Quel homme fut Claude Bernard! aussi grand philosophe que physiologiste, phare lumineux en logique autant qu'en médecine !

Cela dit, essayons d'établir ce qui s'est passé dans l'esprit des ignorants, comme nous l'avons fait pour les savants.

Comment les fermiers de Berckeley sont-ils arrivés à rechercher pour domestiques de préférence les personnes qui avaient déjà eu la petite vérole ? Pourquoi ont-ils encore pris une autre mesure que nous mentionnons ici pour la première fois, celle de ne plus employer les palefreniers auprès des vaches ? « Par les précautions que les fermiers sont disposés à prendre, dit Jenner, il est probable que le cow-pox s'éteindra tout à fait ou qu'il deviendra extrêmement rare. » Qu'est-ce qui les a conduits à prendre ces mesures? Évidemment c'est la découverte qui avait été faite antérieurement parmi eux des faits et rapports qu'on sait et dont ils n'ont pas tardé à tirer des déductions pratiques. L'un d'eux aura d'abord été frappé de quelque particularité amenée par le hasard et aura fait part autour de lui de son impression. Une fois l'attention générale éveillée, d'autres observations seront venues concorder avec l'idée émise, la tradition s'est fondée et l'on en a fait l'application. Quoi qu'il en soit de la façon précise dont cela s'est passé, ce qui est certain, c'est que la déduction pratique, autrement dit l'*invention*, a été parmi ces ignorants tirée aussi d'une découverte.

Et maintenant, voyons comment l'ancienne inoculation a pu et, d'après nous, a dû s'établir. Dans le *Traité d'inoculation* de Dezoteux et Valentin, publié à la fin du siècle dernier, on lit ce qui suit :

« Une personne saignée par mégarde avec une lancette qui avait ouvert une pustule variolique fut inoculée sans le savoir et eut la maladie. D'autres événements semblables se sont passés sous nos yeux. Le citoyen Morel, chirurgien à Besançon, venait de panser des personnes atteintes de la petite vérole. Il alla incontinent chez une jeune fille qui avait un séton, et il tenait encore le linge qu'il avait pris pour essuyer ses mains; il en détacha un morceau qu'il passa à travers la plaie; c'en fut assez : la jeune fille eut la petite vérole bénigne. La pointe d'une lancette chargée de matière traversa le bas d'un jeune homme effrayé : il avait fait tomber l'instrument au moment où on allait l'inoculer. Il y eut une petite plaie à la jambe.... l'insertion eut son effet. »

Or nous disons qu'à l'origine de l'inoculation, c'est un accident de ce genre qui a dû avoir été remarqué; comment comprendre autrement que quelqu'un soit allé prendre du pus d'une petite vérole pour l'insérer à une personne bien portante, et cela dans un but thérapeutique? N'est-il pas évident que c'est la nature qui a d'abord pratiqué l'inoculation devant un ignorant doué d'intuition? Par conséquent, on aura déduit ici encore une pratique utile d'une découverte qui avait été faite préalablement.

Mais comment cette découverte a-t-elle pu surgir au sein d'une population aussi arriérée? Comment, dans un tel milieu, a-t-on pu saisir le rapport délicat qui relie la bénignité de la petite vérole à l'introduction du virus par voie cutanée? Nous avons l'explication dans les différences qui séparent les deux petites véroles. spontanée et inoculée.

Petite vérole ordinaire. Au début, vive douleur aux reins et violent mal de tête; puis, au bout de quelques jours, fièvre violente qui ne cesse plus; après cela seulement l'éruption des boutons et, chose à remarquer, ceux-ci surgissent tout d'abord A LA FACE et n'apparaissent sur le reste du corps que le lendemain ou le surlendemain.

Petite vérole inoculée. Pendant les trois premiers jours. ni douleur ni fièvre; au contraire santé parfaite; le premier symptôme. c'est une démangeaison à l'endroit des piqûres qui au bout de trois à quatre jours sont *chacune le siège d'un bouton de petite vérole.* mais jusque là *il n'y en a nulle part ailleurs.* Quand le septième jour de l'inoculation le bouton est bien développé. alors seulement survient un accès de fièvre. qui ne dure que vingt-quatre heures et est enfin suivi de l'apparition de boutons. mais en petit nombre, sur le reste du corps.

Cela rappelé, reportons-nous aux époques antérieures à la pratique de l'inoculation. Dans le cours d'une épidémie qui a déjà fait beaucoup de victimes. un individu ayant une écorchure superficielle à la main. y éprouve une démangeaison. et trois jours après il est surpris. étonné d'y constater un bouton de petite vérole bien développé. Il se voit atteint à son tour et attend avec anxiété les accidents graves; mais tout se passe comme nous venons de le dire, et les boutons qui surgissent sur le reste du corps sont peu nombreux. N'est-il pas naturel d'admettre qu'alors l'individu aura rattaché la bénignité de son affection au bouton primitivement localisé sur l'écorchure? De cette découverte à la pratique de l'inoculation. il n'y avait qu'un pas. Que les circonstances de l'événement aient été absolument telles, là n'est point la question, et il importait seulement de montrer comment l'invention a pu avoir été déduite de la découverte d'un rapport.

Et dire que les inoculations que le hasard amène aux écorchures, accidents inévitables dans le cours des grandes épidémies, aient échappé et échappent encore aujourd'hui à tout le monde! De là ce corollaire, que l'individu qui autrefois a fait la découverte du rapport doit avoir été doué de l'aptitude intuitive, c'est-à-dire qu'*il a vu des choses et saisi des rapports qui échappent généralement,* conclusion identique à celle à laquelle nous a déjà conduit l'histoire du curare.

Tel est, d'après des documents authentiques, l'historique de la petite vérole, historique que nous avons trouvé si fertile en enseignements et qui, avec son extension à travers les siècles, ses découvertes et ses inventions, le rôle qu'y ont joué des ignorants à côté des savants, se trouve être en abrégé l'historique de la science en général.

Avant d'aborder cette nouvelle étude, nous devons résumer toutes les données acquises jusqu'ici.

RÉSUMÉ ET CONCLUSIONS DE LA PREMIÈRE PARTIE.

La science se divise en mathématiques, pures ou appliquées, et en sciences physiques et naturelles.

Mathématiques à part, la *science* est la connaissance des faits ou phénomènes, ainsi que de leurs rapports (*fait* et *phénomène* ayant à peu près le même sens, nous ne nous servirons plus que du terme *fait*).

L'*art* (beaux-arts laissés de côté) est l'utilisation de nos connaissances.

C'est à tort que l'on confond habituellement les deux

termes *découverte* et *invention* : on fait des découvertes dans les sciences, des inventions dans les arts.

Une découverte est l'acquisition par l'esprit d'un fait ou d'un rapport nouveau.

La découverte est plus ou moins complète, selon qu'elle porte uniquement sur un fait, ou bien à la fois sur le fait et sur son rapport avec un autre, ou, davantage encore, sur le mécanisme de ce rapport.

En général, la découverte est l'effet d'un acte réfléchi de l'esprit qui s'est engagé dans des recherches volontairement et s'est efforcé d'arriver à un but, soit en s'appuyant sur des lois déjà connues, soit au moyen d'hypothèses.

Mais il est aussi des découvertes qu'on fait involontairement, sans nulle réflexion préalable, soudainement, et dans les quelques instants de leur durée, l'esprit est *passif* et *inconscient*. Frappé par un fait que le hasard a amené, l'esprit a été *surpris*, et il n'a conscience de ce qui lui est arrivé qu'après avoir repris son calme habituel. Claude Bernard, dans les relations de ses découvertes, fait part de ses impressions en ces termes : « *Il s'est présenté un fait auquel je n'avais nullement pensé.... mon esprit a été frappé par le fait que le hasard avait amené.... mon esprit a fait le rapprochement spontanément.... j'ai pensé instinctivement.* »

C'est là l'idée de prime-saut, l'*idée intuitive*, bien différente conséquemment de ce que l'on appelle *hypothèse*, celle-ci étant tout au rebours une idée réfléchie, effet aussi d'un acte volontaire de notre esprit ; on est libre de faire des hypothèses ou de ne pas en faire.

Dans les découvertes intuitives, lorsque le fait nouveau surgit, le rapprochement qui s'en fait spontanément dans l'esprit avec un autre a lieu sous l'influence de l'une ou l'autre des causes suivantes :

Au moment même où le fait est perçu, l'esprit en saisit instantanément quelque *ressemblance* avec un autre déjà connu et dont le souvenir s'est réveillé.

Ou bien, à défaut de ressemblance, l'esprit surpris concentre son attention sur le fait nouveau, et percevant une autre particularité à côté, il est frappé de la *coïncidence*.

Perception d'une ressemblance ou bien *perception d'une coïncidence*, cause déterminante du *rapprochement spontané*, autrement dit de l'idée intuitive de *rapport*. (Voir ci-dessus les trois premières découvertes rapportées de Claude Bernard.)

Ce mécanisme (nous disons *mécanisme*, parce qu'il a lieu involontairement et inconsciemment) se produit juste à l'encontre de la méthode de Bacon, qui exige, *pour l'induction*, les faits en grand nombre, les ressemblances essentielles ou les coïncidences appuyées sur des statistiques. Dans l'idée intuitive il y a également induction, mais l'induction y est hâtive, précipitée, ayant surgi à première vue d'une ressemblance ou d'une coïncidence.

Il n'y a pas lieu de blâmer ce processus intellectuel, qui est dans la nature et qui a produit des idées justes. (Voir ci-dessus les faits.)

Il suit immédiatement de là que la méthode de Bacon, considérée au point de vue de la formation des idées intuitives, est une méthode défectueuse; car l'esprit, dominé par les règles classiques de l'induction, aura hâte de repousser une idée qui tend à l'envahir sous l'influence d'une première ressemblance ou d'une coïncidence perçue une fois seulement. (Voir dans l'histoire relatée de la vaccine ce qui est arrivé pour Jenner.)

Mais la méthode qui favorise l'éclosion des idées intuitives, c'est la méthode de Descartes, celle du *doute philosophique*, mais pratiquée comme le veut Claude Bernard. Si en effet l'on admet en principe que dans les sciences, mathématiques exceptées, l'exactitude absolue fait défaut, quelque erreur pouvant s'être glissée dans les définitions et formules, nulle idée, à moins qu'elle ne soit contraire aux lois de la nature, ne sera d'emblée repoussée par l'esprit.

L'ignorance, aux yeux de laquelle tout est possible, est sous ce rapport une condition également heureuse : c'est un ignorant qui a fait la découverte extraordinaire de la bénignité de la variole inoculée; ce sont des sauvages qui fabriquent le curare.

En ce qui concerne les *inventions intuitives*, elles se produisent, initialement, comme les découvertes de prime-saut, c'est-à-dire sous l'influence d'une perception de ressemblance ou de coïncidence; mais là s'arrête la conformité. C'est que l'esprit qui a subi l'idée y a entrevu une application utile, et sans plus s'occuper de l'idée même, soit pour l'approfondir, soit pour la vérifier, il concentre toute son attention sur sa portée pratique. La découverte est ainsi transformée brusquement en invention, surtout au sein du peuple, dans le monde des ignorants, enclins à voir toutes choses par leur côté immédiatement avantageux; aussi là arrive-t-il souvent que les observations d'où l'on a déduit les inventions se perdent, tandis que les inventions subsistent à travers les siècles, singularités dont l'origine reste mystérieuse, exemple : l'inoculation. On connaît le fruit et non la fleur qui l'a produit.

DEUXIÈME PARTIE

CHAPITRE PREMIER

DE L'INTUITION A DIVERSES ÉPOQUES DES SCIENCES ET DES ARTS

En ouvrant pour la première fois, à l'occasion de cette étude, l'*Histoire de la chimie* de Hœfer (1866), nous espérions y trouver des relations détaillées de découvertes, afin de les comparer aux précédentes, qu'elles auraient ou confirmées ou infirmées. Nous n'avons pas trouvé ce que nous cherchions, mais l'histoire générale de la chimie, telle que cet auteur l'a tracée, nous paraît concorder avec nos analyses, ce qui se voit, ce nous semble, dès les premières pages.

Trois grandes époques dominent la science, dit Hœfer.

Dans la *première époque*, l'intelligence qui s'assimile les faits est autant que possible indépendante, libre de toutes les entraves de la superstition et des préjugés systématiques. Bien que dépourvues de preuves scientifiques, les doctrines d'intuition primitive nous étonnent souvent par leur justesse et leur grandeur. Cette époque, qui incline visiblement vers la pratique, embrasse toute l'antiquité et s'étend jusqu'au moment de la lutte mémorable entre le christianisme et le paganisme à l'agonie.

Dans la *seconde époque*, l'esprit d'observation s'affaiblit ou s'égare ; soumise à l'autorité spirituelle, la pensée abandonne le champ de l'expérience pour se réfugier dans le domaine de la spéculation mystique et surnaturelle. De là l'origine de tant de doctrines étranges, enfantées par l'imagination des disciples de l'art sacré et de l'alchimie. Cette époque, qui incline plus particulièrement vers la théorie, comprend tout le moyen âge jusqu'aux temps modernes.

Dans la *troisième époque* enfin, qui est la nôtre, et que par un sentiment d'orgueil inné les contemporains sont toujours portés à juger favorablement, la lumière *semble* apparaître après les ténèbres.......

Pour bien fixer les idées, citons un exemple. Tout le monde connaît les accidents d'asphyxie qui arrivent dans les mines. Les anciens les expliquaient par la présence d'airs irrespirables qui, disaient-ils, éteignent la lampe du mineur en même temps que la vie.

Pour les alchimistes, ce n'étaient plus des airs irrespirables, mais des démons malins qui égaraient l'ouvrier dans les mines et l'y faisaient périr traîtreusement.

Enfin, revenant à l'idée première après s'en être écartée, l'observation démontre aujourd'hui scientifiquement ce que les anciens n'avaient entrevu qu'idéalement.

Mais ce n'est pas seulement le développement de la chimie qui présente les phases indiquées; la physique, l'astronomie, toutes les sciences, presque toutes les connaissances humaines paraissent, dans leur marche, suivre la même voie.

Autre exemple. Qu'est-ce qui fait monter l'eau dans un corps de pompe? Vitruve, l'organe de la science de l'antiquité, répond que c'est l'air, mais il n'en donne aucune démonstration [1].

Les physiciens du moyen âge prétendent que c'est l'horreur du vide, et ils émettent ici des théories sans fondement.

Enfin, personne n'ignore que l'opinion de Vitruve est aujourd'hui, après un intervalle de près de vingt siècles, confirmée et démontrée scientifiquement.

Un dernier exemple. Pythagore enseignait que la terre tourne autour du soleil, et que celui-ci occupe le centre du monde.

Plus tard on enseignait tout le contraire. Enfin Copernic fonda la science sur une idée qui s'était d'abord présentée au génie de Pythagore comme une de ces conceptions qui ne se démontrent pas.

En résumé, croyons-nous pouvoir dire, et ce nous semble avec plus d'exactitude :

[1] Les publications de Hœfer sont multiples : *Histoire de la chimie* (1866), *Histoire de la physique et de la chimie* (1872), etc.; or on lit dans ce dernier ouvrage :
«Déjà Empédocle avait attribué la cause de la respiration à la pesanteur de l'air qui se précipite dans l'intérieur des poumons.»
«Asclepiade, cité par Plutarque, avait la même opinion. «L'air, dit-il, est «porté avec force dans la poitrine par sa pesanteur.»

Première époque, ignorance générale et intuition *chez quelques individualités*.

Deuxième époque, défense de douter, en même temps qu'éducation superstitieuse, arrêt dans le progrès et oubli des connaissances acquises.

Troisième époque, doute, liberté d'examen et rétablissement de la clairvoyance. Mais entrons dans les détails.

Des témoignages irrécusables nous attestent l'antiquité de l'art de faire le pain, le vin, l'huile, de la fabrication des étoffes et des métaux, etc..... Du blé au pain la distance est grande. Comment cette distance fut-elle franchie? C'est ce qu'il est difficile de déterminer. Il a fallu peut-être longtemps avant de découvrir que le grain donne la farine, et que la farine réduite en pâte et ayant subi la fermentation et la cuisson donne le pain......

Il se passa sans doute bien des siècles avant d'arriver à faire fermenter la pâte et à lui appliquer le degré de cuisson convenable dans des fours appropriés....... Comment fut découvert le *ferment*? Le mot *hasard* n'explique rien. Il fallut nécessairement que l'esprit d'observation s'emparât d'un fait en apparence insignifiant. On aura sans doute été bien étonné en voyant qu'un morceau de pâte aigrie et *d'un goût détestable*, ajouté à une pâte fraîche, la faisait gonfler, et que cette pâte donnait un pain plus léger, plus savoureux et d'une digestion plus facile.

Tout cela se résume encore dans la proposition suivante : Dès les premiers temps historiques, si ce n'est déjà auparavant, quelqu'un a saisi le rapport qui relie le gonflement de la pâte à certaines autres conditions coexistantes, et la découverte de ce rapport a été utilisée dans la fabrication du pain. soit aussitôt par l'auteur de la découverte, soit plus ou moins tardivement par quelque autre individu. Or celui qui le premier a remarqué le gonflement de la pâte dans la circonstance déterminée n'avait certes pas institué des expériences *ad hoc;* il ne peut donc avoir perçu le rapport qu'involontairement, sans réflexion préalable, c'est-à-dire par intuition. Si maintenant

l'on considère qu'aussi dès les premiers temps historiques
l'on connaissait le vin, le vinaigre, les métaux qu'on travail-
lait, certaines étoffes, notamment celles qui se fabriquent
avec le lin et le chanvre, la teinture, pour laquelle les Phé-
niciens étaient de toute antiquité renommés, le verre coloré
qui se faisait à Memphis, l'embaumement, etc., etc. (voir
Hœfer), ces industries et ces pratiques impliquent de même
la connaissance intuitive préalable de maints faits et rapports
dont personne n'avait pu soupçonner l'existence et qui n'ont
pu être perçus qu'intuitivement. Il y a plus : on peut affirmer
qu'antérieurement aux temps historiques, déjà dans la période
mythologique, des faits et des rapports, quoique bien apparents, ont échappé au commun des hommes, tandis qu'ils
ont frappé un très petit nombre d'individualités. Quelque
hardie que semble cette proposition, la preuve positive en est,
ce nous semble, dans les noms de *Mercure*, de *Vulcain*, de
Prométhée et de tant d'autres. En effet, abstraction faite des
motifs pour lesquels on a divinisé ces personnages, ce qui est
positif, c'est que Mercure et Vulcain ont été reconnus comme
inventeurs des arts, Prométhée comme ayant dérobé le feu
du ciel, etc. Or si à cette époque tout le monde ou seulement
un grand nombre d'hommes avait pu remarquer les faits et
rapports que certains ont saisis, la tradition n'aurait pas
accueilli des noms d'inventeurs exceptionnels. Non, de même
qu'aujourd'hui nous nous étonnons, nous sommes émerveil-
lés de voir les Claude Bernard, les Lænnec, les Avenbrugger,
les Sars, voir des choses et saisir des rapports qui passent
inaperçus pour tous autres, de même il en a été dès l'époque
mythologique.

Nous venons de parler de la fabrication progressive du
pain ; voici un autre passage de Hœfer relatif aux *engrais :*

L'usage de l'engrais pour fertiliser le sol remonte à la plus haute antiquité. Ainsi nous voyons dans Homère le vieillard Laërte fumer son champ.

Tout fumier n'était pas indifférent. Varroy donne la préférence à la fiente de pigeon.... Après le fumier de pigeon vient, dans l'ordre de supériorité, le fumier de chèvre, puis le fumier de mouton; enfin le fumier de bœuf et celui de cheval.

Dans les pays où il n'y a point de fumier d'animaux, on peut, dit Pline, employer à cet effet la fougère.......

Voici les préceptes que nous ont laissés les anciens relativement à l'usage du *plâtre* comme engrais : avant de l'employer, il faut d'abord labourer la terre afin que l'absorption se fasse mieux (*ut medicamentum rapiatur*). Il est convenable de mélanger le plâtre, s'il est trop rude, avec un peu de fumier; autrement il nuirait au terrain et ne le fortifierait que l'année suivante.... Le plâtre sec convient mieux à un terrain humide, tandis que le plâtre gras est préférable dans un terrain sec et aride (Pline).

En résumé, les Grecs et les Romains connaissaient parfaitement toutes nos espèces d'engrais, même celles que nous croyons d'invention moderne.

L'historique des autres industries et arts est fertile en enseignements du même genre. (Voir Hœfer.)

Avant de poursuivre cette partie de notre étude, il convient de répondre à une objection. C'est le besoin qui, dit-on généralement, a rendu industrieux, et c'est le hasard qui a fait connaître l'utilité des choses qu'on rencontrait : en ce qui concerne l'apiculture, par exemple, on aura d'abord trouvé du miel dans le creux d'un arbre, et ensuite seulement on aura observé les abeilles et leurs travaux, de sorte que la science a pu surgir ici autrement que par intuition. Oui, il y a des industries et des arts qui ont pu s'établir de cette manière, mais non tous. Est-ce que, dans la fabrication du pain, c'est le goût de la pâte aigre qui aurait fait recourir à ce ferment? Et pour la fabrication de la soie, est-ce le besoin qui aura amené à constater les métamorphoses du ver à soie? Pline nous apprend que « la soie fut de fort loin (pro-

bablement de la Chine) apportée à Rome; qu'elle est produite
par un insecte qui vit sur le mûrier » (Hœfer). Il est donc
évident que ce n'est pas seulement le besoin qui a rendu industrieux, mais que souvent aussi une invention a dû autrefois
déjà avoir été déduite de découvertes de faits et de rapports.

En même temps que dans le peuple les découvertes se
transformaient immédiatement en pratiques utiles, il y avait
aussi, déjà à une époque reculée, des personnes cultivant
la science, voulant s'expliquer toutes choses, notamment en
Égypte, les prêtres dans les temples, et plus tard les philosophes de la Grèce. Est-ce que parmi ces savants, qui en
général s'occupaient à la fois de physique, de mathématiques, de philosophie, de théogénie, il y en a eu qui se seraient
engagés dans leurs systèmes sous l'influence d'une idée intuitive? Il semble que non. Le premier des philosophes grecs,
Thalès, « passa une partie de sa vie en Égypte et fut initié à
la science des prêtres de Memphis et de Thèbes. Mais en pré·
sence de la nature, Thalès s'efforce d'approfondir les mer-
veilles de la création. En homme qui réfléchit, il se demande :
comment et pourquoi tout ce qui existe s'est-il produit? La
matière, d'où vient-elle? où va-t-elle? » C'est du reste chose
reconnue, ce nous semble, que les philosophes de la Grèce se
sont engagés dans leurs systèmes volontairement, de propos
délibéré; aussi leurs théories ont-elles été peut-être toutes
déduites non d'idées intuitives, mais d'*hypothèses* (influence
des quatre éléments, air, eau, terre, feu).

L'abus des hypothèses arriva au point que déjà dans le
quatrième siècle avant Jésus-Christ, Hippocrate dut vivement
réagir contre.

Pour moi, dit-il, quand j'écoute ceux qui font ces systèmes et qui
entraînent la médecine loin de la vraie route, vers l'hypothèse, je ne
sais comment ils traiteront les malades en conformité de leurs prin-

cipes (protestation de l'art intuitif contre la science hypothétique).....
Quelques-uns disent, sophistes et médecins, qu'il n'est pas possible
de savoir la médecine sans savoir ce qu'est l'homme..... mais leurs
discours ont la direction philosophique des livres d'Empédocle et des
autres qui ont écrit sur la nature humaine et exposé, *dans le prin-*
cipe, ce qu'est l'homme, comment il a été formé d'abord et d'où provient sa composition primordiale. Pour moi, je pense que tout ce que
sophistes ou médecins ont écrit sur la nature appartient moins à l'art
de la médecine qu'à l'art du dessin. (Hippocrate, trad. de Littré.)

Ajoutons qu'environ cent cinquante ans plus tard, vers la
fin du troisième siècle avant Jésus-Christ, la réaction contre
les hypothèses s'établit avec violence dans le *pyrrhonisme*,
qui fut jusqu'à un certain point aux philosophies précédentes
ce que depuis a été le doute de Descartes vis-à-vis la
scholastique du moyen âge. (Voir Franck, *Dict. de philosophie*,
art. *Scepticisme*.)

Cependant deux sciences avaient fait des progrès considérables, les *mathématiques* et l'*astronomie*, mais cela s'explique.
Si aujourd'hui nous regardons autour de nous, nous consta-
tons que l'immense majorité des enfants et des jeunes gens
sont, sinon tout à fait inaptes aux mathématiques, du moins
y sont peu aptes et certes, sans l'enseignement, n'en auraient
d'eux-mêmes aucune idée, tandis qu'un petit nombre y
montre une capacité extraordinaire, quelquefois même à un
âge qui étonne. Or si nous jugeons du passé d'après le présent, et nous n'avons pas d'autre moyen d'appréciation, on
comprend tout de suite pourquoi les mathématiques et l'astronomie, qui se rattachent à cette science, ont fleuri tout
d'abord ; qu'autrefois quelques enfants soient nés avec l'aptitude aux mathématiques, après avoir compté sur les doigts et
avoir tracé des figures sur le sable, ils ont pu progresser *men-*
talement, s'absorbant dans leurs opérations intellectuelles et
déduisant avec certitude les conclusions des prémisses. Et une

fois les mathématiques s'étant établies, le cours régulier des
astres et la succession périodique des saisons ont dû de très
bonne heure attirer l'attention de cette catégorie d'intelligences.
Quelle différence avec les sciences physiques et naturelles,
dans lesquelles l'absorption mentale ne doit intervenir que
passagèrement, qui sont soumises à tous les hasards de l'oc-
currence des phénomènes, et à cause des apparences si trom-
peuses de la nature, ne peuvent avancer qu'avec défiance et
doute. Mathématiques et astronomie ont donc dû d'abord
progresser.

Deux autres sciences ont aussi pris un grand développement, la *zoologie* et la *logique*, science des lois de la pensée.

Cuvier avouait ne pouvoir lire dans Aristote l'*Histoire des
animaux* sans être ravi d'étonnement : « Que d'observations
n'a-t-il pas fallu, dit-il, pour énoncer des propositions si généralement exactes ! Elles supposent un examen presque universel de toutes les espèces. Aristote, dès son introduction,
expose aussi une classification zoologique qui n'a laissé que
bien peu de chose à faire aux siècles qui sont venus après lui.
Ses grandes divisions et subdivisions sont étonnantes de précision et ont presque toutes résisté aux acquisitions posté-
rieures de la science. »

Et la logique ! Si dans Aristote elle est incomplète et que
le syllogisme y joue un rôle trop prépondérant, est-ce que
notre philosophie actuelle est tout à fait d'accord sur la part
qui, dans le progrès des sciences, revient à l'induction et
aussi à l'intuition ?

Un grave reproche qu'on doit faire à Aristote, c'est de ne
s'être pas toujours, il s'en faut, conformé à certaines règles
qu'il a lui-même tracées. Personne n'a recommandé l'étude
des faits en termes plus forts et plus précis. C'est ainsi qu'il
reproche aux pythagoriciens et aux platoniciens de plier les

faits à des opinions arrêtées et préconçues; c'est ainsi encore que, se demandant si le naturaliste doit procéder comme les mathématiciens en astronomie, et commencer par étudier les phénomènes que présentent les animaux et les organes de chacun d'eux, avant de dire le pourquoi et d'expliquer les causes, il répond : Étudions d'abord les différences qui se rencontrent chez les animaux et ce qu'ils ont de commun ; ensuite nous essaierons d'en découvrir les causes....... Il va jusqu'à recommander de n'expliquer les faits que *par ce qui est le plus voisin de leurs causes immédiates. (De cœlo et de generatione et corruptione, passim.)*

Et puis, au lieu de se conformer à ses propres recommandations, il tombe misérablement dans les fautes de son époque, notamment en ce qui concerne les choses de la physique. Les atomistes avaient avancé qu'un vase rempli de cendres pouvait contenir la même quantité d'eau que le même vase vide; qu'une large plaque de fer placée sur l'eau surnage, tandis qu'une aiguille mince et longue enfonce, etc. Aristote accepte ces faits et beaucoup d'autres semblables sans un instant les mettre en doute, et il procède à leur explication.

Nous avons dû entrer dans ces détails, qu'il faut connaître, ainsi que certains autres dont il va être question, pour apprécier la grande découverte faite peu après par Archimède (269-215). C'est ici que nous retrouverons un magnifique exemple d'intuition chez un homme de science.

Un de nos savants modernes, M. Ch. Thurot, a publié naguère dans la *Revue archéologique* (1868-1869) un précieux travail intitulé : *Recherches historiques sur le principe d'Archimède.* Après avoir établi l'état de la science d'alors, tel que nous venons de le résumer d'après lui, M. Thurot rappelle ce que l'on savait au temps d'Aristote sur *la pesanteur et les corps flottants.*

D'après Aristote, les quatre éléments, *terre, eau, air, feu,* seraient chacun attirés dans une direction particulière : ce qui est solide vers le centre de la terre, le feu vers le ciel, l'eau à la surface du solide, et l'air à la surface de l'eau. « Chacun de ces quatre éléments a dans le monde une place qu'il occupe naturellement et vers laquelle *il tend de lui-même,* comme vers sa perfection. » Quant aux connaissances sur les corps flottants, Aristote cite les faits vrais et alors déjà connus de navires qui sur les fleuves enfoncent, tandis qu'en entrant dans la mer ils se relèvent ; ainsi que le phénomène des œufs qui, mis dans l'eau, gagnent le fond, mais remontent à la surface si l'on sale l'eau fortement ; et puis il donne de tout cela une explication si bizarre que nous nous dispensons de la rapporter. Or ce sont les idées d'Aristote qui régnaient dans les écoles lorsque, à une centaine d'années de là, Archimède composa son *Traité des corps flottants* et y établit le principe qui porte son nom, grande découverte dont le caractère intuitif ressort déjà du seul contraste avec l'état de la science contemporaine ; mais, comme preuve directe à cet égard, n'avons-nous pas le fameux récit légué par l'antiquité, récit qui pour nos modernes est plus ou moins légendaire, mais qu'ils ne manquent pas de reproduire, tant il est à propos. Examinons-le tel qu'il est rapporté par Thurot :

« Le roi de Syracuse, Hiéron (269-215 av. J. C.) avait offert à Jupiter une couronne d'or ; il sut que l'orfèvre avait mêlé une certaine quantité d'argent à l'or qui lui avait été remis, et il demanda à Archimède de constater la fraude. Archimède (et c'est *peut-être* ici que commence la légende), étant au bain, découvrit le moyen de résoudre le problème qui lui était posé et, saisi d'enthousiasme, il sortit nu dans la rue en s'écriant : Eurêka, eurêka ! j'ai trouvé, j'ai trouvé ! »

Évidemment ce récit est celui d'une découverte de prime-saut, et si M. Thurot émet un doute, c'est seulement sur la manière dont elle aurait été faite au bain, et encore son doute est-il fort mitigé : « C'est *peut-être* ici que commence la légende, » dit-il. Eh bien, nous croyons pouvoir expliquer comment la découverte a été faite au bain.

Quand Archimède est entré dans son bain, il s'y est senti *plus léger;* mais comment cette seule sensation l'aurait-elle fait penser à la quantité d'eau déplacée? Écoutons Vitruve : « *Tunc is, quum haberet ejus rei curam, casu venit in balneum, ibique quum in solium descenderet, animadvertit quantum corporis sui in eo insideret, tantum aquæ extra solium effluere.* »

Et Plutarque dit de même : « Un jour, en entrant dans le bain, l'eau *qu'il déplaça lui ayant fait découvrir* le problème de la couronne, il s'élança.... »

On le voit, l'attention d'Archimède s'est portée simultanément sur deux faits coexistants : légèreté au bain et écoulement de l'eau déplacée. Donc, ici encore, c'est la perception d'une coïncidence qui aura été le mobile de la découverte intuitive. Aussitôt la pensée d'Archimède s'est reportée sur les corps flottants, qui sont les plus légers dans l'eau, et il aura fait mentalement le raisonnement qu'on lit dans ses écrits. Aussitôt encore il tira la déduction pratique de son principe : évaluation du poids spécifique des corps. Tout à coup il se rappelle son problème, qu'il avait un moment oublié et dont le souvenir lui revint pendant qu'il était encore dans l'inconscience de l'idée intuitive. Il se lève, toujours inconscient, et s'élance tout nu dans la rue. Et maintenant en quoi cette analyse de découverte intuitive diffère-t-elle de celle des découvertes intuitives de Claude Bernard? Quoi qu'il en soit de la justesse de notre appréciation, ce qui reste démontré, c'est que trois siècles avant l'ère chrétienne, Archimède a vu des choses et saisi des rapports dont personne ne se doutait.

Deuxième et troisième époques. — Pendant une longue série de siècles, les écoles, délaissant les sciences physiques et naturelles, ne s'occuperont plus que de métaphysique; on y commente Aristote, et les discussions scientifiques s'égarent dans les questions de magie, de kabbale, et autres analogues. Bientôt ce sont les idées religieuses qui domineront les esprits et les détourneront tout à fait de l'observation de la nature; mais les arts et les industries continueront à progresser, grâce à toutes sortes d'inventions ou de perfectionnements qu'on doit surtout au vulgaire. (Voir Hœfer.) Un jour ces innombrables connaissances populaires seront recueillies par des hommes d'étude et groupées d'après des vues d'ensemble, dites *théories;* mais avant que ce jour se lève, l'esprit humain passera par la phase la plus singulière qu'on puisse imaginer, celle de la foi religieuse imposée d'une manière absolue et à l'exclusion de toute autre. D'abord toute science sera proscrite et défense sera faite de lire même Aristote. Puis, quand on permettra l'étude des anciens, c'est de la peine de mort et des tortures qu'on punira quiconque exprimera un doute sur les formules de la science traditionnelle. Observer la nature, c'est se donner au démon, et physiciens ou chimistes sont considérés comme magiciens. Pour comble d'aberration, les alchimistes acceptent comme fondée l'accusation de sorcellerie et se figurent être réellement en commerce avec le diable.

« Toute découverte, toute invention, dit Hœfer, était traitée d'œuvre satanique, et chacun croyait alors au diable plus encore qu'à Dieu. Les alchimistes, voyant sans cause apparente leurs appareils se briser en mille éclats, s'imaginaient réellement entretenir un commerce intime avec les démons. Ils se prétendaient eux-mêmes sorciers, et s'ils étaient pendus ou brûlés comme tels, c'est qu'ils avaient, comme leurs juges, la conviction d'être dans le vrai. »

Cependant quelques rares esprits échappèrent à cette oppression et se livrèrent à l'étude des phénomènes de la nature. C'est ainsi que Roger Bacon, né en 1214, étudia le premier les propriétés des lentilles et des verres convexes, inventa le télescope, etc. Plus tard (1494-1555), Georges Agricola devint une autorité considérable en métallurgie, et Bernard Palissy en *chimie technique et expérimentale*. « On fait trop d'honneur, dit Hœfer, au chancelier Bacon en le représentant comme le créateur de la méthode expérimentale, François Bacon était encore enfant lorsque Palissy enseignait déjà publiquement que, pour atteindre la vérité, il est nécessaire de consulter l'expérience. Je n'ai point eu, dit Palissy, d'autre livre que le ciel et la terre, lequel est connu de tous.... »

Est-ce que ces trois personnages, dont les œuvres remontent aux époques indiquées, ont pu y avoir été amenés autrement que par intuition ?

Enfin Bacon et Descartes consommèrent l'émancipation des esprits, l'un avec le *novum organum* et l'*augmentum scientiarum*, l'autre en préconisant le *doute philosophique*. Quel est celui de ces deux philosophes qui influa le plus sur l'essor ultérieur des sciences ? Laissons parler là-dessus Claude Bernard :

Bacon a senti la stérilité de la scholastique : il a bien compris et pressenti l'importance de l'expérience pour l'avenir des sciences. Cependant Bacon n'était point un savant, et il n'a point compris le mécanisme de la méthode expérimentale. Il suffirait de citer, pour le prouver, les essais malheureux qu'il en a faits. Bacon recommande de fuir les hypothèses et les théories; nous avons vu cependant que ce sont les auxiliaires de la méthode, indispensables comme les échafaudages sont nécessaires pour construire une maison. Bacon a eu, comme toujours, des admirateurs outrés et des détracteurs. Sans me mettre ni d'un côté ni de l'autre, je dirai que, tout en reconnaissant le génie de Bacon, je ne crois pas plus que J. de Maistre qu'il ait doté l'intelligence humaine d'un nouvel instrument, et il me semble, avec M. de Rémusat, que l'induction ne diffère pas du syllogisme. D'ailleurs je crois que les grands expérimentateurs ont apparu avant les préceptes de l'expérimentation, de même que les grands orateurs ont précédé les traités de rhétorique. Par conséquent il ne me paraît pas permis de dire, même en parlant de Bacon, qu'il a inventé la méthode expérimentale, méthode que Galilée et Torricelli ont si admirablement pratiquée et dont Bacon n'a jamais pu se servir.

Quand Descartes part du doute universel et répudie l'autorité, il donne des préceptes bien plus pratiques pour l'expérimentateur que ceux que donne Bacon pour l'induction. Nous avons vu en effet que c'est le doute seul qui provoque l'expérience; c'est le doute enfin qui détermine la forme du raisonnement expérimental.

Dans le cours du dix-septième siècle, Van Helmont découvre des *gaz*, les désignant sous ce nom. Robert Boyle fait voir quelle immense différence il y a entre la distillation en vaisseaux clos et la calcination des corps à l'air libre; il prédit la découverte de nombreux corps simples, distingue les combinaisons des mélanges, et traitant de l'air, il dit : « Il est surprenant qu'il y ait quelque chose dans l'air qui soit seul propre à entretenir la flamme, et qu'une fois cette matière consommée, la flamme s'éteigne aussitôt; et pourtant l'air qui reste a fort peu perdu de son élasticité, etc., etc. » Comme homme et comme savant, dit Hœfer, Boyle est un des plus beaux modèles que nous présente l'histoire.

La science de la chimie est dès lors en voie de formation, et grâce aux expérimentateurs Glauber, Kunckel, Mayow, Bernouilli, Glasser, Homberg, Moitrel d'Élément, Black, etc., les découvertes et inventions se succédèrent rapidement. Alors, vers la fin du dix-septième siècle, un Allemand, Stahl, émit une théorie dont la simplicité séduisit tous les esprits, et qui demeurera dans la science durant une centaine d'années, la théorie du *phlogistique*. Elle se maintint malgré les faits contraires qui en montraient l'inanité, et à la fin Lavoisier, pour la renverser, eut à soutenir une lutte énergique, parce qu'on s'y était engagé sans le doute philosophique. Est-ce que Lavoisier doit compter parmi les esprits à intuition; il semble que non, et, à en juger par l'analyse de ses découvertes dans Hœfer, il y serait arrivé au moyen d'hypothèses successivement rectifiées. Certes Lavoisier a été un grand génie; mais, comme nous le dirons dans le prochain chapitre, les termes *génie* et *intuition* ne correspondent pas aux mêmes qualités intellectuelles; est-ce que Lavoisier a fait des découvertes soudainement, de prime-saut? Nous en avons cherché en vain dans Hœfer. Lavoisier a créé la chimie moderne, mais la chimie avait fait avant lui des progrès considérables, et sans lesquels son génie ne se serait peut-être pas déployé.

Une question souvent agitée, dit Hœfer, est celle de savoir si c'est Lavoisier qui a découvert l'oxygène. Non, répondrons-nous, si l'on n'entend par là que le fait pur et simple de la découverte d'un corps aériforme, d'un gaz particulier. Mais si l'on entend y associer en même temps le nom de celui qui a donné à un fait nouveau toute sa valeur, qui a su en tirer toutes les conséquences et qui l'a élevé à la hauteur d'un principe, on ne devra jamais séparer le nom de Lavoisier de la découverte de l'oxygène. En effet, sans le génie fécondant de Lavoisier, les importants travaux de Priestley, *qui découvrit l'oxygène*, ne seraient jamais devenus la base d'une chimie nouvelle.

Mentionnons quelques découvertes intuitives faites en physique.

« Un jardinier de Florence ayant construit une pompe plus longue que les pompes ordinaires, remarqua avec surprise que l'eau ne s'y élevait jamais au-dessus de 32 pieds, quelque effort qu'il fît pour la faire monter plus haut. Il communiqua le fait à Galilée pour en savoir la cause. » (Hœfer, *Histoire de la physique*.)

Galilée n'avait que dix-huit ans lorsque, se trouvant dans la cathédrale de Pise. il vit les mouvements d'une lampe suspendue à la voûte, et en conclut à l'isochronisme des petites oscillations.

« Newton, est-il dit dans le *Traité de physique* de Daguin, étant à la campagne, vit tomber une pomme. Il réfléchit sur ce fait si familier et se demanda si, en supposant le point de départ plus élevé, par exemple à la distance où est la lune, le corps serait tombé de même, et il n'hésita pas à adopter l'affirmative. Or la lune ne tombant pas, il soupçonna qu'elle en était empêchée par la force centrifuge, et ce fut là le point de départ de ses recherches sur la gravitation. »

Est-ce la nuit, au clair de lune, que Newton aurait vu tomber la pomme? S'il en était ainsi, Newton pourrait bien avoir été inspiré par les deux faits coexistants : chute de la pomme, immobilité de la lune.

Nous lisons dans le Dictionnaire de M. Littré, au mot *intuitivement :* « Newton paraît avoir saisi intuitivement plusieurs théorèmes dont la démonstration n'a été donnée qu'après lui. »

La grande découverte de Galvani a été faite soudainement à la vue de mouvements de grenouilles ; mais il y a là-dessus tant de variantes, que nous devons nous borner à cette mention.

L'ensemble des faits et documents rapportés dans ce chapitre concordent, ce nous semble, avec les conclusions déjà posées précédemment. Et en effet, si la première période de l'histoire de l'humanité, comme on vient de le voir dans Hœfer, a été à la fois intuitive et pratique, certes ce ne sont pas tous les hommes qui alors ont fait des inventions, car, s'il en avait été ainsi, les arts seraient arrivés très rapidement à un haut degré de perfectionnement. Les arts, tout au contraire, n'ayant fait que de lents progrès à travers les siècles, force est d'admettre que de rares individus seulement ont eu l'aptitude intuitive. Sans doute le besoin aussi a rendu industrieux, mais comme nous l'avons montré, maintes innovations ont dû avoir été déduites de notions préalablement acquises.

Bref, dans les premiers temps de l'humanité, temps d'ignorance, les choses se sont passées comme depuis, dans un temps rapproché de nous, dans la question de l'inoculation, chez les ignorants de la Circassie, et dans celle du curare chez des sauvages de l'Amérique. Après cela, si les savants de l'antiquité se sont perdus dans les hypothèses, il en a été de même des savants du septième siècle de notre ère. Au surplus, ces ressemblances sont dans la nature même des choses, car l'histoire générale du progrès n'étant que la somme des découvertes et inventions successives, cette somme doit être l'expression de toutes ses parties.

Un autre fait qui a aussi reparu plusieurs fois à travers les siècles, c'est la question du doute philosophique : doute de Claude Bernard, doute de Descartes, pyrrhonisme, protestation d'Hippocrate contre les hypothèses. — Enfin à plus de deux mille ans de distance, Archimède et Claude Bernard n'ont-ils pas été des voyants exceptionnels ?

L'aptitude intuitive est si particulière à certains individus que, pendant le moyen âge, malgré les conditions tout à fait contraires à son développement, elle a reparu dans Roger Bacon, Agricola, Bernard Palissy, et une fois l'émancipation générale des intelligences consommée, grâce à la Réforme ainsi qu'aux méthodes de Bacon et de Descartes, dans Galilée, Newton, Galvani....

Une dernière remarque est relative à la manière dont la chimie moderne s'est établie avec Lavoisier. D'innombrables connaissances chimiques se trouvaient coordonnées dans la théorie du phlogistique. Lavoisier étudia, analysa plus particulièrement l'air atmosphérique, et comme tous ou presque tous les corps de la nature sont en contact avec ce mélange gazeux, il s'ensuivit qu'un nombre énorme de rapports précédemment découverts, rapports partiels, se sont tout à coup expliqués dans la découverte dominante de la composition atmosphérique, découverte du reste établie mathématiquement avec la balance, instrument servant à évaluer des grandeurs. Si cette appréciation est juste, supposons que dans un des siècles à venir, on démontre que l'affinité et la cohésion sont seulement des modifications d'une force ou propriété plus générale, autrement dit que la physique et la chimie se fondent dans une science unique, est-ce que nos successeurs seraient autorisés à dédaigner notre science actuelle? Pourquoi donc méprisons-nous la science du passé au point de croire que la science est seulement moderne? La science est aussi ancienne que l'humanité. La science d'aujourd'hui se relie à celle d'hier, celle-ci à la science d'auparavant, longue chaîne qui a commencé avec les premières notions de l'humanité. Si, dans la première période, l'attention s'est surtout portée sur les conséquences pratiques des découvertes et non sur les découvertes mêmes, le fait a failli se reproduire tout naguère en France dans l'abandon de la science pure pour ce que l'on a appelé *science appliquée*. (Voir Pasteur, *Quelques réflexions sur la Science en France*, 1871.)

Dans cette évolution perpétuelle de la science, il faut distinguer les découvertes *originales* (grandes ou petites, peu importe), et les découvertes *secondaires*, souvent considérables, grandioses même, quoique consécutives aux premières jugées d'abord mesquines. Une comparaison déjà connue, mais que nous modifierons quelque peu, justifiera et complétera notre pensée.

Au point de vue de la science, la nature est un labyrinthe immense, infini, à galeries innombrables, mais parfaitement coordonnées. Cependant l'obscurité qui y règne fait qu'on s'y perd facilement. Ajoutons que les portes d'entrée sont de même innombrables, mais dissimulées de manière que les hommes passent devant elles sans en soupçonner l'existence.

Un jour, le hasard amène un individu plus clairvoyant qui, à deux petites particularités en apparence insignifiantes, remarque l'une des portes et la signale à l'attention générale. (Découvertes de prime-saut : inoculation, percussion, principe d'Archimède).

On entre et, grâce à un peu de jour filtrant, on peut observer ce qui se trouve dans une première petite galerie ; mais toutes celles contiguës restent ténébreuses. Alors, pour avancer quand même, on s'oriente avec des *hypothèses*, et si l'on observe la bonne méthode de la circonspection et du doute, vient-on à s'égarer, on retourne sur ses pas, pour prendre un autre hypothèse comme fil conducteur, et très souvent on progresse de cette manière. Mais trop souvent aussi on se perd et on reste égaré, jusqu'à ce qu'un nouveau voyant, arrivé là par une autre porte, éclaire la situation.

De tout temps, les hommes n'ont progressé qu'en suivant et en développant les idées d'un petit nombre d'entre eux.

CHAPITRE II.

§ I. — Existe-t-il réellement une aptitude spéciale dite *intuitive?* Parmi les tendances fàcheuses de l'esprit humain, pourrait-on dire, il y a la tendance à juger des choses avec précipitation et plus ou moins d'irréflexion, trop souvent sur des apparences, sur des ressemblances superficielles ou des coïncidences remarquées fortuitement, et de là précisément, dans l'histoire des sciences, un nombre considérable d'erreurs qu'il a fallu successivement rectifier. Cela étant ainsi, il a pu arriver que, dans ces inductions hâtives, on soit par exception tombé juste, de sorte qu'*idée intuitive* et *intuition* ne seraient que des faits illusoires, simples effets d'appréciations fortuitement exactes au milieu d'une quantité considérable de jugements erronés. Comme réponse à cette objection, que nous nous sommes nous-même faite, nous laisserons parler Claude Bernard, si particulièrement compétent en matière d'intuition :

Il n'y a pas de règles à donner pour faire naître dans le cerveau, à propos d'une observation donnée, une idée juste et féconde, qui soit pour l'expérimentateur une sorte d'anticipation intuitive de l'esprit vers une recherche heureuse..... L'apparition de l'idée a été toute spontanée et sa nature est tout individuelle. C'est un sentiment tout particulier, un QUID PROPRIUM *qui constitue l'originalité, l'invention ou le génie de chacun.....* Comme les sens, les intelligences n'ont pas toutes la même puissance, ni la même acuité, et il est des rapports subtils et délicats qui ne peuvent être sentis, saisis et dévoilés que par des esprits plus perspicaces, *mieux doués* ou placés dans un milieu intellectuel qui les prédispose d'une manière favorable.

......*Il est des faits qui ne disent rien à l'esprit du plus grand nombre, tandis qu'ils sont lumineux pour d'autres.* Il arrive même qu'un fait ou une observation reste très longtemps devant les yeux d'un savant sans lui rien inspirer; puis tout à coup vient un *trait de lumière*, et l'esprit interprète le même fait tout autrement qu'auparavant et lui trouve des rapports tout nouveaux. L'idée neuve apparaît alors *avec la rapidité de l'éclair* comme une sorte de *révélation subite*, ce qui prouve que dans ce cas la découverte réside dans un sentiment des choses qui est non seulement personnel, mais qui est même relatif à l'état actuel dans lequel se trouve l'esprit.... Les hommes qui ont le pressentiment des vérités nouvelles sont rares; *dans toutes les sciences, le plus grand nombre des hommes développe et poursuit les idées d'un petit nombre d'autres.* »

Il résulte clairement de ces lignes que, d'après Claude Bernard, il y a des personnes particulièrement disposées aux idées intuitives, c'est-à-dire aptes à voir des choses et à saisir des rapports qui échappent au commun des hommes, et conséquemment ce n'est pas au hasard seul que reviendraient leurs découvertes. Et en effet, la part du hasard est uniquement dans la rencontre des faits, mais ceux-ci ne se révèlent avec leurs rapports qu'à des intelligences prédisposées. Si la modestie de Claude Bernard lui avait permis de tenir un langage plus précis, il aurait pu dire ceci : Ce n'est pas une fois seulement que j'ai fait une découverte par intuition et, parmi les innovations qui me sont dues, celles faites soudainement, de prime-saut, sont multiples; pourquoi le hasard m'aurait-il tant favorisé à l'exclusion des autres savants? Et, ajouterons-nous, la même remarque s'appliquant à Sars, à Lœnnec, à Newton, à Galilée, à Archimède, qui se sont tous illustrés par des découvertes multiples, il y a lieu d'admettre que ces personnages avaient une disposition d'esprit qui n'était pas celle du commun des hommes.

§ II. — Il ne faut pas confondre, comme on le fait d'ordinaire, *intuition* avec *génie*, deux mots qui n'ont nullement le même sens ; *génie*, selon nos dictionnaires, signifie d'une manière générale la supériorité d'esprit dans toutes les œuvres humaines, et l'on dit également *génie de l'homme d'État, génie du savant, génie de l'expérimentateur, hypothèse ingénieuse*, tandis que l'intuition est simplement une aptitude spéciale. Si Claude Bernard a été un homme de génie, ce n'est pas parce qu'il a fait des découvertes par intuition, mais c'est parce qu'il a fait preuve d'une grande supériorité d'esprit dans l'ensemble de ses travaux, intuitifs ou autres ; pourquoi l'aptitude aux idées intuitives mériterait-elle la qualification de génie plutôt que toute autre aptitude ?

Signalons aussi l'impropriété du mot *intuition*, qui vient de *intueri, regarder attentivement*, ce qui semblerait indiquer un acte de la volonté, alors que dans la formation de l'idée intuitive, l'esprit est absolument passif. Le mot propre serait *vue, vision*, et les individus aptes aux idées intuitives seraient des *voyants*, mais la science écarte ces expressions à cause de leur sens religieux. Cependant l'analogie est évidente, et Claude Bernard lui-même, comme on l'a vu tout à l'heure, a dit de l'intuition qu'elle est une *sorte de révélation*.

Mais un plus grand défaut du mot *intuition* est de correspondre étymologiquement aux seules impressions reçues par l'organe de la vue, tandis que d'autres sensations peuvent éveiller les idées de prime-saut. C'est ainsi que les innovations de la percussion et de l'auscultation se rattachent originairement à des sensations acoustiques, et nous croyons savoir qu'en chimie des découvertes se sont faites soudainement, au

milieu d'expériences instituées dans un but autre, sous l'effet
d'une perception d'odeurs fortuites. Aussi la signification du
terme *intuition* est-elle jusqu'à un certain point celle de *flair*
et de *tact*, qualités exquises des sens du toucher et de l'odorat, et par extension, *disposition à juger des choses à la fois
sainement et instinctivement*. C'est encore dans ce sens qu'on
a déjà dit de l'intuition qu'elle était une *sorte d'instinct*, comparaison qui nous mène à l'étude comparée du mécanisme de
formation des deux idées intuitive et instinctive.

§ III. — Comme cette étude doit aboutir à une théorie
intermédiaire entre le positivisme et le spiritualisme, nous
devons, pour ce motif et pour d'autres, indiquer en quoi, selon
nous, ces deux doctrines sont exagérées.

Pour le positivisme, l'animal est une *machine vivante*. Ses
mouvements sont dus, non pas à des *forces*, mais tout simplement aux *propriétés* des tissus et organes. Les sensations
sont ressenties par certains éléments du tissu nerveux. Il n'y
a rien au delà. Les sensations se transforment directement
en mouvements. Et quant à l'existence chez l'animal d'un
principe conscient, on l'admet aussi ; d'importants mémoires
se publient même sur la *conscience de certaines plantes*. Il va
de soi que le principe conscient est également une propriété
des tissus et organes ; car pour le positivisme, la *métaphysique*
est chose illusoire. Tout dans l'animal est organique.

Nous acceptons cette doctrine, excepté en un point. Oui,
l'animal est une machine vivante; oui, tout y est organique;
mais, disons-nous, il ne s'y trouve pas de principe conscient.
Dans le prochain chapitre nous examinerons les faits les plus
saillants apportés par les positivistes en faveur de cette partie
de leur thèse, et nous espérons en démontrer l'inanité.

Les exagérations du spiritualisme sont naturellement en

sens opposé. Cette doctrine enseigne à la vérité que chez
l'homme le cerveau est l'organe de la pensée, mais il n'admet
pas que cet organe fonctionne jamais de lui-même, c'est-à-
dire en dehors de l'action du principe dit *âme*. Allant plus
loin, il professe que la *sensibilité* est une faculté de l'âme, et
comme les animaux sont eux aussi sensibles, force est de
leur accorder de même, sinon une âme, du moins un esprit.
L'homme a une âme, l'animal un esprit.

Non, disons-nous, rien ne prouve l'existence d'un esprit
chez les animaux, comme nous le montrerons ultérieurement ;
d'autre part, ajouterons-nous, chez l'homme, la sensibilité
n'est pas une faculté du principe conscient, et enfin, selon nous
le cerveau peut fonctionner en dehors de la direction de ce
principe, à son insu même, ce que prouvent les faits suivants,
vulgairement connus, mais dont la signification n'a pas encore
été mise suffisamment en relief.

Un individu boit du vin en excès, il est ivre, c'est-à-dire
l'appareil cérébral fonctionne seul et d'une manière désor-
donnée sous l'influence de l'alcool présent dans l'organisme ;
mais bientôt l'alcool est éliminé par les sécrétions, le déran-
gement cérébral cesse et la conscience reprend sur l'appareil
sa direction habituelle.

De même dans l'aliénation mentale, pendant et après les
accès.

La colère est une émotion subite et violente, commune
aux hommes et aux animaux : vive émotion subie par les éléments sensibles, et *fureur*, c'est-à-dire réaction violente sur
les éléments moteurs. L'émotion calmée, la conscience se
reproche de n'avoir pas dominé les emportements de l'appareil.

Dans la maladie dite *somnambulisme*, la nuit, durant le
sommeil, l'individu se lève, marche, agit, parle, le tout sans

s'éveiller ; après un laps de temps il se recouche, dort paisi-
blement, et le matin il se réveillera inconscient de tous les
actes que son corps a exécutés sous la direction de l'appareil
cérébral.

Le cerveau, qui détermine tous ces mouvements, est riche
en éléments divers, lobes, circonvolutions, anfractuosités,
substance grise, substance blanche, cellules, tubes, etc., etc.;
et puisqu'il est l'organe de la pensée, ce qui est admis, et que,
de son côté, la pensée est riche en éléments particuliers, sensations, idées, association d'idées, souvenirs, il y a lieu de
croire que la richesse ici correspond à la richesse là. « Je con-
nais, a dit Fénelon (à propos des souvenirs et de la mémoire),
tous les corps de l'univers qui ont frappé mes sens depuis un
grand nombre d'années; j'en ai des *images distinctes*, de
sorte que je crois les voir lors même qu'ils ne sont plus. *Mon
cerveau est comme un cabinet de peintures dont tous les tableaux
se remueraient et se rangeraient au gré du maître de la maison.* » Oui, mais ces images sont souvent remuées, non par le
maître de la maison, mais par la maison elle-même, par le
cerveau, qui en est le siège, ainsi qu'il arrive dans les rêves;
et en dehors du sommeil, quand un objet nous rappelle un
autre par quelque ressemblance, ce n'est pas nous qui avons
réveillé le souvenir, c'est l'objet extérieur qui en a déterminé
la réapparition.

Tout cela posé, nous arrivons au mécanisme de formation
des idées intuitives et instinctives, mécanisme qui maintenant
s'expliquera de lui-même.

L'idée intuitive est une idée soudaine, irréfléchie, déterminée par un fait que le hasard a amené et qui a réveillé
dans le *cerveau* le souvenir d'un autre plus ou moins ressem-
blant; c'est *l'association de ces deux sensations* qui s'est ainsi
effectuée. Pendant les quelques instants qu'a duré cette évo-

lution cérébrale, il y a eu inconscience ; mais bientôt le sujet revenant de sa surprise, se rend compte de ce qui lui est arrivé; en d'autres termes, le principe conscient prend alors connaissance de ce qu'il y a dans le cerveau, et c'est la *connaissance simultanée de l'une et l'autre sensation* qui constitue alors l'idée de rapport.

Bref, le principe conscient est au cerveau ce que le cerveau est à l'œil : c'est chose admise que, dans la vision, nous n'avons pas la sensation du corps que nous voyons, mais seulement celle de l'image peinte sur la rétine ; de même le principe conscient prend connaissance de ce qui se passe dans le cerveau. De même encore que, pour tout voir, nous dirigeons les yeux de côté et d'autre, de même le principe conscient dirige et manie l'appareil cérébral qui est sous sa dépendance. Le principe conscient est-il de nature matériel ou immatériel? Ici, nous conformant aux enseignements de Claude Bernard, nous répondons que dans les sciences on ne s'occupe pas des causes premières; on ne nie pas, on ne doit pas nier l'existence de celles-ci ; on avoue son impuissance à les comprendre. Et maintenant nous pouvons terminer nos explications sans autre digression.

Découverte par intuition : Association de deux sensations dans le cerveau, et presque aussitôt principe conscient prenant *connaissance* de cette association : *idée* du rapport.

En ce qui concerne la formation de l'idée dans les *inventions* intuitives, le mécanisme en apparaît dans le fait suivant, dont, nous certifions l'exactitude.

Un chirurgien habile et expérimenté soignait un blessé ; le cas était très grave et les moyens usuels avaient échoué. Arrive un consultant qui regarde et prononce ces paroles : « Ce que je vois ressemble à un autre accident dans lequel tel remède m'a réussi ; je l'emploierais ici aussi. « Ce consultant n'avait jamais vu de cas semblable à celui pour lequel on l'avait appelé, et c'est la perception d'une ressemblance avec un autre fait, réputé différent, qui lui a inspiré l'idée du remède, depuis resté dans l'art.» Or les paroles étaient sorties de sa bouche si spontanément et si inconsciemment qu'il se reprocha un moment son *étourderie*.

De cet exemple d'invention intuitive aux actes des animaux dirigés par l'instinct, il n'y a qu'un pas. Voici des abeilles, des fourmis, des castors, êtres qui n'ont rien appris et qui, sans modèle, exécutent les plus merveilleux travaux.

Explication. Un de ces êtres se trouve en présence d'un objet adéquat à sa nature. Cet objet détermine une impression sur un de ses sens, et la sensation éprouvée par le centre nerveux se transforme instantanément en un mouvement musculaire qui donne un premier produit, rudiment de l'œuvre qui doit s'accomplir. Mais *ce premier produit* constitue un *objet nouveau* qui cause une sensation nouvelle, et celle-ci se réfléchit en un mouvement différent du premier, et ainsi de suite jusqu'à l'achèvement du travail, l'objectif ne restant naturellement pas le même d'un moment à l'autre.

Ces êtres sont des machines vivantes. Georges Cuvier a supposé « *qu'ils avaient dans leur sensorium des images ou sensations innées et constantes......* C'est une sorte de rêve ou de vision qui les poursuit toujours; et dans tout ce qui a rapport à leur instinct, on peut les regarder comme des espèces de somnambules. » Cette hypothèse devient inutile, leur travail pouvant s'expliquer par la seule succession des sensations ordinaires et la transformation de celles-ci en mouvements correspondants.

De l'ensemble de ces considérations il résulte que, chez l'homme, l'intuition est en réalité une sorte d'instinct, avec la différence que les animaux, du moins ceux dont il vient d'être question, constamment dominés par leurs besoins, sont poussés à se procurer de quoi les satisfaire, tandis que l'intuition s'exerce soudainement sur des faits offerts par le hasard, et à seule fin de connaître le rapport entre eux, les déductions pratiques, quand elles apparaissent, ne s'opérant qu'ensuite.

Nous avons constaté la réapparition exceptionnelle de cet instinct particulier depuis les temps historiques jusqu'à nos jours; mais, à l'origine de l'humanité, quelqu'un en aurait-il déjà été doué? Certains faits zoologiques et historiques tendent à le faire croire.

§ IV. — En zoologie, c'est chose reconnue que toute espèce animale a ses moyens naturels de conservation, d'attaque et de défense; donc le positivisme est, par principe même, forcé d'admettre que l'espèce humaine, à son origine, a eu les siens. Lesquels? est-ce la *main* si admirablement conformée? La main n'est qu'un instrument de l'intelligence. Est-ce la *parole?* Elle est seulement l'expression de la pensée. C'est donc l'intelligence elle-même qui a dû avoir été le moyen de conservation, non l'intelligence ordinaire qui s'exerce sur des observations nombreuses, accumulées lentement et soigneusement comparées, mais l'intelligence soudaine, l'induction précipitée, en un mot l'*intuition*. Un second moyen de défense aura consisté dans la vie en commun, dans la *solidarité*, comme cela a lieu chez d'autres espèces; mais la solidarité humaine implique un langage, et le même chez tous. Donc un d'entre eux a dû y initier les autres. Cette conclusion est-elle dans la possibilité des choses? Écoutons M. Renan :

Le besoin de signifier au dehors sa pensée et ses sentiments est naturel à l'homme; tout ce qu'il pense, il l'exprime..... Si on accorde en effet à l'animal l'originalité du cri, pourquoi refuser à l'homme l'originalité de la parole !..... Le sourd-muet, avant le système mécanique qu'on lui enseigne dans les écoles, est mille fois plus communicatif qu'après son éducation. Abandonné à son génie, il se crée des moyens d'expression avec une force, une originalité, une richesse qui étonnent......

Ainsi l'homme primitif put, dès ses premières années, élever cet édifice qui nous étonne...... Il le put sans travail, parce qu'il était enfant. Maintenant que la raison réfléchie a remplacé l'instinct créateur, à peine le génie suffit-il pour analyser ce que l'esprit des premiers hommes enfanta de toutes pièces et sans y songer. (*De l'origine du langage.*)

On le voit, il n'est pas déraisonnable de supposer que les premiers hommes ont subi l'ascendant de l'un d'entre eux, doué de l'aptitude intuitive. Et ce qui tend à faire croire qu'il en a été ainsi, c'est que les premiers documents historiques signalent partout le *voyant* à côté du chef, prophètes en Israël, magiciens chez les Pharaons, mages chez les Perses, Chalcas en Grèce, Égérie à Rome, druides en Gaule, et aujourd'hui encore, chez les sauvages, les chefs consultent le sorcier. Est-ce que cette hypothèse ne vaut pas celle de la *caverne* servant d'abri ou de l'*arbre* sur lequel grimpait l'anthropoïde?

Cependant une objection grave se présente à l'esprit, celle de l'état d'infériorité des sauvages; si, depuis l'origine, la société humaine avait progressé grâce à l'aptitude intuitive d'individus exceptionnellement doués, comment aujourd'hui y aurait-il encore des sauvages? Nous examinerons cette question dans le prochain et dernier chapitre, en même temps que celle de l'intelligence des animaux dits *supérieurs*, et autres problèmes afférents.

CHAPITRE III.

DE L'INTUITION DANS SES RAPPORTS AVEC LE POSITIVISME, LE DARWINISME, ETC.

§ I. *De l'intuition dans ses rapports avec la philosophie d'Auguste Comte.*

Si les relations de découvertes rapportées dans notre travail sont exactes ; s'il est vrai qu'une personne absolument ignorante peut voir des choses et saisir de prime-saut des rapports qui échappent au commun des hommes ; si cela est ainsi, et nous croyons l'avoir suffisamment démontré, tout l'échafaudage philosophique d'Auguste Comte se trouve sapé dans ses fondements et tombe comme un château de cartes. Et en effet, en présence de nos observations sur l'intuition, que reste-t-il du fameux axiome, base de la doctrine, et que chacun connaît ? A l'origine, les hommes, tous sans exception, auraient été le jouet de leurs sensations, au point d'avoir divinisé tous les phénomènes qui les impressionnaient ; puis à la longue, après de nombreux siècles, le fétichisme, revenu en partie de ses erreurs, se serait transformé en polythéisme, et enfin, c'est après un autre laps de temps, également considérable, que l'intelligence humaine, de rectifications en rectifications, serait arrivée au monothéisme. « Il suffit, ce me semble, dit Comte, d'énoncer une telle loi pour que la justesse en soit immédiatement vérifiée par tous ceux qui ont quelque connaissance approfondie

de l'histoire générale des sciences. » Et l'intuition? Est-il
absolument impossible qu'aux premiers jours de l'humanité
un ignorant ait eu de prime-saut quelques idées justes? De ce
que la science positive repousse la révélation, s'ensuit-il que
nulle explication autre que celle de Comte ne soit possible?
Entre les deux alternatives du dilemme, révélation ou bien
ignorance absolue, n'y a-t-il pas l'intuition? Il suffit, ce nous
semble, dirons-nous à notre tour, de poser une telle question
pour que l'importance en soit saisie par chacun. Mais exami-
nons en lui-même le prétendu axiome et raisonnons : quelle
a été la première science cultivée? Ce sont les mathématiques,
dit Comte. Et de quoi s'occupe-t-on en mathématiques? De la
mesure des grandeurs. Peut-on mesurer tout ce qui est devant
nous? Non, il y a l'infini qui ne se mesure point. Est-ce que
les premiers mathématiciens ont pensé à l'infini? Consultez
les auteurs de la haute antiquité, Archimède, Aristote, et
vous serez renseigné. Au surplus, peut-on s'occuper d'angles,
de plans, de lignes, sans penser au parallélisme des lignes,
c'est-à-dire à l'infini? Et tout cela étant ainsi, est-ce qu'à
l'origine même de l'humanité, personne n'a pu avoir l'aptitude
aux mathématiques, aptitude que bientôt quelqu'un a dû pos-
séder, puisque la science des mathématiques se trouve avoir été
la première cultivée? Et si dès l'origine un individu a eu cette
aptitude, pourquoi n'aurait-il pas divinisé l'infini aussi bien
que tout le reste? Donc il n'est nullement démontré que le
monothéisme a seulement été une rectification des conceptions
polythéistes et fétichistes.

D'ailleurs, abstraction faite de la valeur intrinsèque de
l'axiome, est-ce que la philosophie des sciences physiques et
naturelles peut admettre un axiome quelconque, une formule
sur laquelle nul doute ne serait possible? Écoutez Claude
Bernard, qui se connaissait en philosophie scientifique, ayant

su par lui-même comment se font les découvertes : « Ceux qui placent leur foi dans les formules ou dans les théories, dit-il, ont tort. Toute la science humaine (mathématiques exceptées) consiste à chercher la vraie formule ou la vraie théorie dans un ordre quelconque. Nous en approchons toujours, mais la trouverons-nous jamais d'une manière complète? » Donc dans les sciences physiques et naturelles, en dehors de leurs parties rattachées aux mathématiques, il faut douter, toujours douter, et d'après tout ce que l'on a vu précédemment, c'est même là une condition première de leur progrès. Est-ce donc que la formule de Comte a été basée sur les mathématiques ou leurs applications ? Est-ce mathématiquement qu'il a prouvé que parmi les premiers hommes personne n'a pu avoir l'idée de l'infini ?

Comte a cru trouver la confirmation de son axiome dans l'ordre dans lequel les sciences auraient successivement surgi, dans leur *série*, selon son expression. Mais il est à remarquer que son attention s'est surtout portée sur le rapide développement que les sciences ont pris de notre temps, depuis le quinzième siècle ; or si l'on considère que les sciences ne datent pas seulement du 15e siècle, comme nous l'avons établi, et que chacune des sciences physiques et naturelles a passé par les trois périodes véritablement positives de science naissante, de science en voie de formation et de science plus ou moins avancée, les choses se présentent sous un aspect autre. Si Lavoisier a pu établir mathématiquement que l'air est composé de 21 parties d'oxygène et de 79 d'azote, c'est grâce aux travaux de ses prédécesseurs, qui déjà avaient découvert que l'air était un mélange de deux gaz différents, et les découvertes de ces prédécesseurs n'ont pu surgir que consécutivement à d'autres découvertes faites antérieurement, et ainsi dans toutes les sciences, comme on l'a vu dans Hœfer.

Si l'on ajoute à cela que la science s'est trouvée mêlée dans l'origine avec l'art, on conviendra, ce nous semble, que la prétendue loi de la *série*, basée sur la manière dont le progrès s'est ou se serait effectué depuis le 15ᵉ siècle, a été déduite de faits partiellement et artificiellement groupés.

Enfin, détail caractéristique, le dictionnaire positiviste de MM. Littré et Robin, quoique arrivé à sa 13ᵉ édition, n'a pas encore enregistré le mot *intuition*, et cependant on y trouve définis, au point de vue de la doctrine, tous les autres termes de la logique, *méthode, idée, comparaison, syllogisme, induction*, etc. (voir à ces mots ou bien au mot *Logique*); c'est que le jour où ce dictionnaire admettra le terme *intuition*, avec sa signification d'idées spontanées, irréfléchies, inconscientes, le positivisme aura vécu. Dans ce dictionnaire, on cherche aussi en vain le mot *découverte*, et quant au terme *invention*, c'est seulement dans l'édition actuelle, dans la 13ᵉ, qu'il figure pour la première fois, avec la définition ambiguë et embarrassée que voici :

« *L'invention part d'une hypothèse ou préconception, mais n'est réalisée que lorsque la raison a conduit a posteriori à la confirmer par une succession d'expériences justifiant sa valeur par épreuve et contre-épreuve.* »

Est-ce que la fausseté de cette définition ne saute pas aux yeux? est-ce que l'invention de la télégraphie électrique, par exemple, est partie d'une *hypothèse* ou *préconception*? Non, certes; Morse voulant utiliser l'électricité, s'est rappelé le fait parfaitement établi vingt ans auparavant par Arago, et une fois l'idée de cette application conçue, point n'a été besoin d'épreuves ni de contre-épreuves, et l'unique préoccupation de l'inventeur a dû porter sur des détails d'exécution. Sans doute que les auteurs du dictionnaire, définissant l'*invention*, eurent en vue la *découverte*, confusion ordinaire; mais la définition ne convient pas non plus au mot *découverte*, attendu que toutes les découvertes ne partent pas d'hypothèses, et, comme nous l'avons démontré, il en est *qui surgissent dans l'esprit spontanément*. La question de l'intuition tue, ce nous semble, la doctrine d'Auguste Comte.

§ II. *La question de l'intelligence chez les animaux.*

L'opinion que les animaux dits *supérieurs*, le chien, l'éléphant, le singe, auraient non seulement des instincts, mais encore de l'*intelligence*, cette opinion s'accrédite dans le monde savant tous les jours davantage, et tout récemment, à Dublin, dans un congrès de naturalistes, on a raconté l'histoire d'un chien dont les actes auraient dénoté, de la manière la plus évidente, l'existence chez lui de la *conscience*. Remarquons tout d'abord que les sens, vue, toucher, odorat, diffèrent considérablement d'une espèce animale à l'autre (trompe de l'éléphant, odorat chez le chien.....). Or chez certains animaux, des actes fort compliqués pouvant être déterminés rien que par l'association des sensations, comme nous l'avons vu chez les abeilles, les fourmis, les castors, on comprend tout ce qui doit s'ajouter chez d'autres, sous l'influence de sens, soit plus nombreux, soit plus fins. Mais laissons là toute théorie et, en restant au point de vue d'où jusqu'ici on a examiné les choses, montrons dans quelles erreurs les plus grands savants sont tombés en interprétant des actes d'animaux, tels que chat, singe, chien. Nous devons prévenir que cette partie de notre étude ne sera plus aride, loin de là, et la conscience du chien de Dublin notamment déridera le lecteur. Mais auparavant il nous faut raconter un fait dont nous avons été nous-même témoin.

Il y a une quinzaine d'années, dans la cour de l'hôpital
militaire de Strasbourg, une nichée d'oiseaux, tombée d'un
arbre, se trouvait sur le sol, et la mère voltigeait inquiète
autour des petits, quand survint un chat. Nous étions là plusieurs médecins et nous devînmes les témoins d'un curieux
spectacle. Quand le chat fut arrivé tout près de la nichée, la
mère s'élança sur lui, et naturellement le félin voulut la happer ; mais elle se rejeta en arrière, et lui la poursuivant, elle
fuyait. Ne pouvant l'attraper, le chat retourna presque
aussitôt vers les petits ; mais la mère, par un circuit, le pré-
vint et l'attaqua comme la première fois. Alors la même scène
se reproduisit avec la différence que le chat, plus ardent dans
sa poursuite, fut entraîné un peu plus loin, et ainsi de suite,
à plusieurs reprises, au point que les deux bêtes arrivèrent,
après quelque temps, à une des extrémités de la cour, l'oiseau
tantôt s'arrêtant, tantôt fuyant, et le chat paraissant oublier
les petits et s'acharnant contre la mère. Tout à coup, le félin
retourna en courant vers la nichée, mais elle fut encore là
avant lui. Nous intervînmes alors avec des pierres, le chat
fut chassé et les petits oiseaux replacés sur l'arbre ; et chacun
de dire : « Que d'intelligence chez cette mère ! quelles savantes
manœuvres ! quel ingénieux manège ! persister à s'offrir aux
coups de l'ennemi pour l'entraîner au loin ! que de calculs
dans cette diversion ! » Eh bien non, dit l'un de nous, j'ai vu
les choses tout autrement.

Lorsque le chat est arrivé la première fois près de la
nichée, la mère, par instinct maternel, s'est jetée sur lui
aveuglément, comme le fait une poule qui a des poussins ; si
l'oiseau a fui aussitôt, c'est que le chat voulant le happer,
l'instinct de la conservation propre a repris le dessus, et à
partir de ce moment cette tendre mère s'est toujours trouvée
sous l'empire de deux forces opposées, l'une qui tendait à

la ramener vers les petits, l'autre à la faire fuir. Le chat s'arrêtait-il, elle s'arrêtait. Le chat recommençait-il la poursuite, elle fuyait de nouveau. S'ils sont ainsi arrivés au loin, c'est que le chat, excité par les arrêts que lui-même provoquait chez l'oiseau par les siens, ne cessait de reprendre sa poursuite. Tout cela s'est fait sans calcul aucun, simple effet de l'antagonisme, chez une mère, de deux instincts opposés : conservation de sa progéniture et conservation de sa vie propre.

Cette explication s'adaptait si bien à tous les mouvements qui s'étaient opérés devant nous que personne ne fit d'objection. Et en effet, les animaux, notamment les animaux supérieurs, n'ont pas qu'un seul instinct, et l'on comprend que parmi leurs impulsions naturelles, c'est tantôt l'une, tantôt l'autre qui doit l'emporter; est-ce que le chien qui suit son maître n'est pas à chaque instant détourné de sa route par l'odorat? Or pour avoir méconnu cet antagonisme des instincts, les plus grands savants sont tombés dans des erreurs colossales, disons-le, grotesques, — ce dont voici un exemple :

« Qui n'a vu, dit Flourens (*De l'instinct et de l'intelligence des animaux*, Paris 1851, 3ᵉ édition), la chatte *exercer ses petits* à la chasse des souris? Elle commence par étourdir d'un coup de dent une souris : la souris, quoique blessée, court encore, et les petits après elle.

« La chatte est toujours attentive; et si la souris menace de s'échapper, la chatte s'élance d'un bond sur elle. »

Mais non; la chatte ne fait pas tout cela avec l'intention d'exercer sa progéniture. Une souris passe, elle se jette dessus et l'abandonne à ses petits, ici encore comme la poule laissant aux poussins le grain qu'elle trouve. Cependant la chatte voudrait bien avoir sa part du festin, et sa convoitise n'est maîtrisée qu'avec peine. Tout à coup la souris repart et la chatte, à ce brusque mouvement, selon son naturel ordinaire, fait un bond sur elle; mais l'amour maternel, plus fort, lui fait de nouveau céder la proie. Est-ce donc que les petits chats ont besoin d'être exercés pour apprendre comment on attrape les souris? est-ce qu'ils ne s'élancent pas d'eux-mêmes sur la boulette de papier que l'on fait rouler sur le sol?

Autre exemple montrant encore mieux combien nous devons être circonspects dans l'interprétation des actes des animaux. — Vous avez un oiseau qui n'est pas suffisamment apprivoisé et vous introduisez la main dans la cage; aussitôt la bête y voltigera effarée; vous retirez la main, elle se calmera; remettez-la, elle recommencera ses mouvements désordonnés. De même un chien hargneux et enchaîné dont une personne s'approcherait et s'éloignerait tour à tour sera successivement furieux et calme. Or (et tout à l'heure on reconnaîtra l'importance de ces détails), en présence de ces alternatives dans les mouvements des bêtes, l'idée viendrait-elle à quelqu'un que ces attitudes ont été raisonnées, réfléchies, entreprises dans l'intention de nous effrayer? Eh bien, parce que, dans une circonstance tout à fait semblable, un singe s'est livré à ces mouvements, on a mis ceux-ci sur le compte d'une intelligence extraordinaire, et celui qui s'est abusé à ce point, c'est Frédéric Cuvier.

On lit dans Flourens (ouvrage cité) :

Le jeune orang-outang étudié par F. Cuvier n'était âgé que de 15 à 16 mois; il avait besoin de société; il s'attachait aux personnes qui le soignaient; il aimait les caresses, donnait de véritables baisers, boudait lorsqu'on ne lui cédait pas, et témoignait sa colère par des cris et *en se roulant à terre*.... Il se plaisait à grimper sur les arbres et à s'y tenir perché. On fit un jour semblant de vouloir monter à l'un de ces arbres pour aller *l'y prendre*; mais aussitôt il se mit à secouer l'arbre de toutes ses forces, *pour effrayer la personne qui s'approchait.* Cette personne s'éloigna et il s'arrêta ; elle se rapprocha, et il se mit de nouveau à secouer l'arbre.

De quelque manière que l'on envisage l'action qui vient d'être rapportée, il ne sera guère possible de n'y pas voir le résultat *d'une combinaison d'idées,* et de ne pas reconnaître dans l'animal qui en est capable *la faculté de généraliser.* En effet, l'orang-outang concluait *évidemment* ici, de lui aux autres : plus d'une fois l'agitation violente des corps sur lesquels il s'était trouvé placé l'avait effrayé ; il concluait donc de la crainte qu'il avait éprouvée, à la crainte qu'éprouveraient les autres, ou, en d'autres termes, *d'une circonstance particulière il se faisait une règle générale.*

Et c'est un des Cuvier qui a écrit ces choses, et il avait lui-même noté la particularité habituelle chez ce singe, comme probablement chez tout autre, celle de se rouler sur le sol quand il était en colère, et parce que le singe, se trouvant sur un arbre, secouait les branches chaque fois qu'on l'irritait, il lui prêta un raisonnement, toute une série de réflexions, jusqu'à une induction baconienne ! Mais cet animal qu'on mettait en colère par intervalles pendant qu'il était perché dans un arbre, n'était pas en situation de se rouler sur le sol et par conséquent, se livrant à ses agitations habituelles, c'est à une branche qu'il a dû se raccrocher. Où est la différence entre ce singe tour à tour furieux et tranquille, selon qu'on s'approchait de l'arbre ou qu'on s'en éloignait, et l'oiseau voltigeant effaré dans la cage ou se calmant, selon qu'on y met la main ou qu'on la retire? Et dire que Flourens a rapporté cette histoire sans se douter de l'énormité de l'erreur qu'elle renferme ! Et encore ces jours derniers, dans la *Revue scientifique* (21 juin 1879), elle se trouve de nouveau reproduite comme un exemple évident d'intelligence chez les bêtes! Avec quels yeux a-t-on regardé jusqu'ici les actes des animaux !

Sans doute on citera des faits qui ne s'expliqueront pas aussi facilement ; mais aura-t-on chaque fois remarqué et noté tout ce qui concerne le sujet, et une espèce ne peut-elle pas offrir quelque particularité habituelle de caractère à laquelle on n'aura pas prêté attention, et dont le fait actuel serait seulement l'exagération ? Exemple : Un chien choyé outre mesure par son maître ainsi que par sa maîtresse aime l'un autant que l'autre. Arrive en visite un parent depuis longtemps connu du chien, et ce sont des gambades, des aboiements, une joie qui tient du délire et qu'on a peine à calmer. Le visiteur est accablé de caresses; mais durant cette exaltation de sensibilité, observez la bête et vous verrez que, tout en s'occupant du visiteur, elle ira par entretemps de lui à ses maîtres, lécher à ceux-ci aussi la main. Cependant qu'une autre fois, à l'arrivée du parent, le maître et la maîtresse ne se trouvent pas réunis, que l'un soit dans un appartement, l'autre dans une chambre à côté, si la porte de communication est ouverte, et le chien, dans ses mouvements tumultueux, courra d'une pièce à l'autre, faire là aussi une caresse, et alors on se figurera qu'il annonce la visite, et effectivement il a tout l'air de dire : mais viens donc, le parent est venu, tandis que le fait est le même que tout à l'heure, effet de l'exaltation de la sensibilité, simple modification d'une particularité ordinaire, mais qui avait passé inaperçue. Concluons que, dans l'interprétation des actes des animaux, on doit avant tout chercher à se les expliquer au point de vue de leur caractère, de leurs habitudes et des moindres détails de leur vie. Si tout récemment, au congrès de Dublin, on avait quelque peu observé cette règle, certes l'histoire que nous allons transcrire n'aurait pu être accueillie et l'auteur même ne l'eût produite :

J'avais, a dit M. Romanes, un chien terrier de l'île de Skye, qu'il m'arriva d'enfermer un jour seul dans une chambre pendant que j'allais voir un ami. Sans doute ce chien fut furieux de se voir laissé à la maison; car en rentrant, je vis qu'il avait mis en pièces les rideaux de la fenêtre. Il fut très content de me revoir; mais *dès que je ramassai un des morceaux du rideau,* l'animal poussa un hurlement et se réfugia à l'étage supérieur en criant. Or ce chien *n'avait jamais de sa vie été battu,* de sorte que je ne m'explique sa conduite que comme exprimant le *remords qu'il éprouvait* d'avoir dans sa colère fait une chose qu'il savait devoir m'être désagréable. Selon ma manière de voir, son affection pour moi, jointe au souvenir de son méfait, avait fait naître dans son esprit *un véritable repentir.*

Telle est la première partie de l'histoire; or si l'auteur ne s'était pas trouvé sous l'influence des théories positivistes, il aurait certes vu le fait tout autrement et se serait dit ceci :

Quand on trouve un chien en faute, qu'on se baisse pour ramasser quoi que ce soit ou seulement qu'on en fasse le simulacre, si l'animal s'enfuit aussitôt en hurlant, on peut être certain que, pour d'autres méfaits, il a déjà dû avoir reçu des coups de pierre. Or il n'en a jamais reçu de moi, je ne l'ai jamais battu, donc il doit avoir été châtié par d'autres, conclusion qui expliquera la seconde partie de l'histoire.

C'est encore le même chien qui me fournit mon second exemple. Ce chien *n'a jamais volé qu'une fois dans sa vie;* un jour qu'il avait grand'faim, il saisit une côtelette sur la table et l'emporta sous un canapé. J'avais été témoin de ce larcin, mais je fis semblant de n'en avoir rien vu, et le coupable resta plusieurs minutes sous le canapé, partagé entre le désir d'assouvir sa faim et le *sentiment du devoir.* Ce dernier finit par triompher, et le chien vint déposer à mes pieds la côtelette qu'il avait dérobée. Cela fait, il retourna se cacher sous le canapé, d'où aucun appel ne put le faire sortir. En vain je lui passai doucement la main sur la tête; cette caresse n'eut d'autre résultat que de lui faire détourner le visage *d'un air de contrition* vraiment comique. *Ce qui donne une valeur toute particulière à cet exemple,* c'est que le chien en question n'avait jamais été battu, de sorte que ce *ne peut être la crainte du châtiment corporel qui l'ait fait agir.* Je suis donc forcé de voir dans ces actions des exemples *d'un développement de la faculté de conscience.* (*Revue scientifique,* 4 janvier 1878.)

On vient de voir, dans un des passages soulignés, qu'un moment l'observateur eut l'idée que la crainte du châtiment pouvait avoir déterminé les actes de la bête; mais, répète-t-il hâtivement, elle n'a jamais été battue. Eh! qu'en savait-il? De même il affirme qu'antérieurement au larcin elle n'avait jamais volé; mais, demanderons-nous de nouveau, qu'en savait-il? Est-ce qu'un homme de science, préoccupé des plus graves questions, a toujours l'œil sur son chien? Ce qui prouve que l'animal a été maintes fois battu, roué de coups, sans doute par le personnel de la maison, c'est sa fuite en hurlant au premier mouvement du maître se baissant pour ramasser ce qui était à terre, et, après le second méfait, sous le canapé, sa terreur que les plus douces caresses ne pouvaient calmer; s'il a rapporté la côtelette, corps du délit, sans doute il avait été dressé à *rapporter*. Cette explication nous semble plus naturelle que celle de repentir, de remords, sentiments moraux qu'on ne devrait pas si légèrement prêter à la bête; car élever les animaux jusqu'à l'homme, c'est rabaisser l'homme à l'animal.

Voici, comme dernier exemple un fait expérimental cité par le même auteur et encore interprété par lui de la façon la plus singulière, tandis que pris avec simplicité il est d'un grand enseignement :

Un de mes amis, M. le Dr Allen Thomson, dit M. Romanes, a fait éclore des poulets sur un tapis et les y a gardés plusieurs jours. Ils n'ont montré aucune disposition à gratter..... Mais dès que M. Thomson eut jeté un peu de sable sur le tapis, et leur eut ainsi fourni le stimulant convenable ou habituel, les poulets se mirent immédiatement à gratter.

Évidemment, ce nous semble, il y a eu là irritation ou chatouillement aux pattes et transformation immédiate de la

sensation en mouvement. Or au lieu de s'expliquer le fait
ainsi, voici que M. Romanes le rattache à un acte intelligent
chez les ascendants de ces poulets! (*Revue scientifique*, 1878,
4 janvier, p. 623.)

Le contraste entre l'énormité de ces erreurs et l'autorité
scientifique de ceux qui les ont commises, *naturalistes réunis
en congrès, Flourens, Frédéric Cuvier*, est fertile en enseignements; nous voulons seulement en retenir ce qui concerne
la question de l'intuition. Rappelons le problème posé.

L'homme a un appareil cérébral (qui dans quelques circonstances fonctionne de lui-même) et un principe conscient
qui d'ordinaire domine et dirige l'appareil. C'est la substance nerveuse qui perçoit les sensations, tandis que les
idées, éléments de la *raison*, appartiennent au principe conscient. D'autre part, les animaux inférieurs, abeilles, fourmis,
castors, dénués du principe conscient, sont uniquement des
machines dans lesquelles les sensations se transforment directement en mouvements. Or il s'agissait de savoir ce qui en
est relativement aux animaux dits *supérieurs*, chien, singe.
Ici nous nous heurtions contre l'opinion accréditée de la ressemblance avec l'homme; mais maintenant que nous avons
montré ce qui en est ici de la prétendue évidence des faits,
nous nous croyons autorisé à généraliser notre distinction.

L'homme seul a le principe conscient : les animaux, tous
les animaux ne sont que des machines. Si chez ceux que l'on
qualifie de supérieurs, les actes paraissent d'une nature plus
relevée, cela tient chez eux aux organes de la sensibilité, plus
nombreux ou plus fins, et par suite aux associations de sensations, naturellement plus nombreuses aussi, sans compter
l'antagonisme entre les instincts, qui peuvent pousser en sens
divers et opposés (amour des femelles pour leurs petits et
instinct de conservation propre; odorat faisant aller un chien

dans une direction et sentiment d'attachement au maître le ramenant auprès de lui).

Tous les animaux sont des machines ; quand ils semblent réfléchir, hésiter et tout à coup prendre une décision, il y a eu antagonisme entre deux sensations concomitantes, et dont l'une a fini par l'emporter.

La Question des Sauvages et le Darwinisme.

Abstraction faite de la nature des rapports qui relient les races aux espèces, le darwinisme professe que les races se produisent ou par *sélection naturelle* ou par *sélection artificielle*. Partant de là, et étant donnée une race humaine quelconque, la première question à se poser, mais à laquelle on n'a pas pensé jusqu'ici, à notre connaissance du moins, est celle-ci : la formation de la race humaine donnée a-t-elle été due à la sélection ou naturelle ou artificielle ? Expliquons-nous.

Parmi les races ou variétés humaines existantes, il en est une, exceptionnelle, objet d'un éternel étonnement, c'est la *race juive*. D'après la Bible, interprétée du point de vue du darwinisme, un législateur isola une population dans le désert, lui façonna un système cérébral particulier (nous parlons le langage du darwinisme), et pour fixer en elle la particularité dite *psychique*, défendit sous peine de mort toute alliance étrangère. Nourriture spéciale, vêtements déterminés et institution du sabbat, tout a été réglementé, et la moindre infraction était punie des peines les plus sévères : élection par Dieu, dit la Bible ; élection ou sélection par Moïse, doit dire le darwinisme.

Il y avait d'autant plus lieu de poser la question ainsi, que d'après Darwin, l'art de faire, de créer des races remonterait à la plus haute antiquité.

Il est bien loin d'être vrai que le principe lui-même, celui de la sélection, soit une découverte nouvelle. Je pourrais citer des ouvrages d'une haute antiquité qui prouvent qu'on en a très anciennement reconnu l'importance..... J'ai trouvé le principe de sélection dans une ancienne encyclopédie chinoise..... Les sauvages croisent quelquefois leurs chiens avec des canidés sauvages pour en améliorer la race, etc.

Et le traducteur de l'œuvre ajoute les remarques suivantes :

Il résulte clairement de quelques passages de la Genèse qu'on prêtait dès lors quelque attention à la couleur des animaux (Histoire de Jacob et de ses moutons)..... Le principe de sélection naturelle se trouve très explicitement appliqué à la race *humaine*, dans les lois de Manou [1].

Cela étant ainsi, il s'ensuit que, en ce qui concerne la formation de la race juive, tout ce que raconte la Bible, intervention de Dieu à part, concorde si bien avec les principes du darwinisme, que la haute antiquité de la sélection artificielle, appliquée à l'homme, ne peut laisser de doute.

Partant de là encore, nous poserons aux darwinistes une autre question, relative à l'origine des sauvages. Supposons que dans les commencements de l'humanité, il y ait eu une civilisation morale, effet de l'intuition sinon d'une révélation, civilisation exigée du reste par le besoin de la *solidarité*, un des moyens de conservation de notre espèce; supposons que cette civilisation s'étant corrompue sous les climats torrides, la cruauté ait amené l'institution de l'*esclavage*, dont l'origine se perd aussi dans la nuit des temps; est-ce chose possible qu'un de ces tyrans comme l'antiquité n'en a que trop comptés, ait eu l'idée de se façonner des esclaves parfaitement soumis? Il aurait choisi un certain nombre d'enfants bien constitués,

[1] *De l'origine des espèces*, deuxième édition.

les aurait isolés dans quelque île éloignée, et là, tout en pour-
voyant à leur existence, les aurait abrutis systématiquement
par les travaux les plus pénibles et par tout ce que la cruauté
peut inventer, afin de prévenir en eux toute velléité de révolte,
en étouffant chez eux, avec le principe conscient, le sentiment même de la liberté. Ces enfants, devenus grands, se
seraient multipliés dans l'île, et les mêmes pratiques d'as-
sujetissement ayant été continuées, est-ce chose possible
qu'après quelques générations ces esclaves soient devenus
sauvages, sorte d'*hommes-animaux*?

La production de ce fait est-elle dans la possibilité des choses?
Si dans le désert du Sinaï, il y a trois à quatre mille ans,
un homme proclama le Décalogue et forma la race juive, la
race du principe conscient et de la liberté, est-ce que, sous
d'autres latitudes, un autre homme n'a pas pu faire le contraire et créer une race humaine tout à fait animale? N'est-ce
pas là raisonner selon le darwinisme, et la division des sélec-
tions en naturelles et artificielles? Pourquoi les problèmes
d'origine des races seraient-ils autres vis-à-vis de l'homme
que vis-à-vis des animaux?

L'hypothèse étant ainsi justifiée, du moins en tant qu'hypothèse, le reste va de soi : à la suite d'un bouleversement
quelconque, cataclysme ou révolution sociale, les antiques
esclaves seraient devenus libres, mais ayant été trop abrutis,
ils n'auraient pu se relever. On appelle cheval *marron* le cheval qui, s'étant échappé de la domesticité, est retourné à la
vie sauvage; pourquoi les nègres aujourd'hui sauvages ne
descendraient-ils pas d'anciens nègres marrons?

A l'appui de ce mode d'origine de nos sauvages actuels,
nous citerons quelques particularités de leurs mœurs, décrites
par Lubbock et restées jusqu'ici inexpliquées (*Les origines de
la civilisation*, 2ᵉ édition, 1873) :

La religion, telle qu'elle est comprise par les races sauvages, diffère essentiellement de la nôtre ; non seulement elle est différente, mais souvent elle est toute contraire ; ainsi leurs dieux ne sont pas bons, ils sont méchants..... Leurs dieux approuvent plus souvent ce que nous appelons le vice, que ce que nous estimons sous le nom de vertu. Ce ne sont pas là des particularités exceptionnelles. J'essayerai de prouver au contraire que les traits généraux de leurs religions concordent.

Par quelle horrible situation ont dû passer les ancêtres de nos sauvages pour que de semblables idées règnent aujourd'hui encore chez les descendants ?

Les sauvages ne connaissent pas l'institution du mariage ; *l'amour leur est presque entièrement inconnu.*

Est-ce qu'une particularité aussi contre-nature a pu surgir autrement qu'au sein du plus affreux esclavage ? Il semble aussi qu'à l'origine, parmi les moyens pratiques d'abrutissement, on inculquait aux infortunés les idées les plus fausses, voire même les plus risibles.

Une autre coutume fort curieuse est celle connue sous le nom de *couvade.* Tout Européen qui n'a pas étudié les habitudes d'autres races affirmerait probablement qu'à la naissance d'un enfant, c'est la mère qui se met au lit et qu'on entoure de soins. Il n'en est pas ainsi : chez bien des peuples, c'est le père et non pas la mère qui se met entre les mains du médecin à la naissance de l'enfant. Eh bien, cette coutume qui nous paraît si singulière, existe dans presque toutes les parties du monde.

Est-ce que semblable chose peut s'expliquer autrement que comme effet d'une action systématique d'abrutissement, les tyrans s'étant encore joués de leurs victimes ? Est-ce que les premiers hommes ont pu avoir l'idée spontanée de la couvade ?
Cependant, au milieu de cette dégradation, certaines pratiques semblent rappeler une civilisation antérieure, pratiques cruelles, mais dont le motif nous paraît significatif :

Presque tous les peuples peu avancés en civilisation ont une grande aversion pour les jumeaux..... Chez les Kasias de l'Indoustan, on en tue ordinairement un; ils considèrent que c'est un malheur et une dégradation d'avoir des jumeaux, car c'est s'assimiler, pensent-ils, aux animaux.

Ainsi les sauvages ont le sentiment de la différence essentielle de l'homme et de l'animal, idée fondamentale de toute religion, reflétant, ce semble, une civilisation antérieure.

Mais, doit-on se dire, d'où vient la persistance de l'infériorité des sauvages à travers les siècles? D'où elle vient? Des pratiques d'abrutissement exercées sur les générations d'aïeux, lesquelles auront dénaturé le système cérébral de ces races, au point que la réapparition de l'aptitude intuitive y soit généralement devenue impossible.

Si les sauvages ne peuvent ainsi sortir d'eux-mêmes de leur infériorité, pourrait-on les en tirer? Les races sœurs qui ont échappé à la dégradation excessive, grâce peut-être à des circonstances plus heureuses, parmi lesquelles les climats favorables, n'en obtiendraient-elles pas le relèvement? Qu'a-t-on fait jusqu'ici à cet égard? Est-ce que des enfants de sauvages, tirés du déplorable milieu et élevés sous des climats moins extrêmes, seraient réfractaires à toute éducation? Si des essais ont été tentés en vain dans ce sens, le mode d'éducation employé aura-t-il été celui qui convenait? Il est singulier qu'à l'heure qu'il est, après toutes les discussions sur l'infériorité de nombreuses races d'hommes, cette question ne soit pas tranchée. (Voir, à l'appui de ces remarques, Godron, *De l'espèce et des races..., et spécialement de l'unité de l'espèce humaine.* Paris 1859.)

Arrivons à un autre problème du darwinisme.

Quoique l'ensemble de notre théorie ne soit pas inconciliable avec la descendance de l'homme d'un anthropoïde, nous devons rapporter l'instructive discussion dont cette question a été l'objet tout récemment à Munich. Deux savants également célèbres, Virchow et Hæckel, en ont été les champions, et le débat, plutôt philosophique que scientifique, porta sur la valeur de la méthode suivie.

Celui, dit M. Hæckel, qui, en face de ces faits imposants, exigerait encore des preuves en faveur de la descendance, ne prouverait lui-même qu'une chose : son manque de connaissances et de lumières. Ce serait une tout autre question que de demander pour elle des preuves exactes et vraiment expérimentales. Cette exigence qui s'est souvent montrée provient de l'erreur fort répandue que toutes les sciences naturelles peuvent être des *sciences exactes*..... Il n'y a vraiment que la plus petite partie des sciences de la nature qui soit exacte : celle qui repose sur les mathématiques ; c'est d'abord l'astronomie, et surtout la haute mécanique ; puis la plus grande partie de la physique et de la chimie, ainsi qu'une bonne partie de la physiologie et *seulement une très petite portion de la morphologie.* Dans ce dernier domaine biologique, les phénomènes sont trop compliqués, trop variables, pour que nous puissions, en général, y employer la méthode mathématique. Bien qu'on puisse exiger en principe des fondements exacts, et même mathématiques, pour toutes les sciences, bien qu'on puisse en admettre la possibilité, il est absolument impossible de satisfaire à cette condition dans presque toutes les branches de la biologie. La méthode *historique*, historico-philosophique, y remplace de préférence la *méthode exacte* ou *physico-mathématique.*

M. Virchow a répondu :

Quant aux faits positifs, nous devons reconnaître qu'il subsiste encore une ligne de démarcation toujours nettement tranchée entre l'homme et le singe. *Nous ne pouvons pas enseigner, nous ne pouvons pas considérer comme un fait acquis à la science que l'homme descend du singe ou de tout autre animal.* Nous ne pouvons que poser la proposition à l'état de proposition problématique, quoiqu'elle puisse offrir une certaine probabilité.

Par les expériences du passé, nous devrions être suffisamment prévenus que nous avons le devoir de ne pas tirer inutilement des conclusions prématurées, et ne pas succomber à la tentation.

Un peu plus haut il avait dit :

Modérons-nous, exerçons-nous à la réserve, donnons toujours, pour des problèmes, les problèmes, même ceux qui nous tiennent le plus à cœur ; disons cent fois : « Ne tenez pas telle proposition pour une vérité incontestable, attendez-vous à apprendre qu'il pourrait en être autrement ; nous avons seulement, à l'heure actuelle, la pensée qu'il *pourrait en être ainsi.* » (*Revue scientifique,* 1877.)

Ce dernier langage, qui était celui de Claude Bernard, n'est-il pas celui de la sagesse même ? Les plus grands savants, comme on l'a vu, se sont trompés d'une façon burlesque dans l'interprétation de faits isolés et relativement simples, et nous accepterions comme axiomes des formules résumant un nombre considérable de faits dont on avoue qu'aucun n'est absolument certain. Et l'on nous dit que la méthode le veut ainsi ! Allons donc. Le doute philosophique sur toute formule scientifique non mathématique, voilà ce qu'il faut enseigner dans les écoles.

Dans le cours de ces discussions nous n'avons rien dit des opinions basées sur les *silex taillés,* sur les *cavernes à ossements,* par la raison qu'elles ne semblent pas pouvoir infirmer notre manière de voir. En effet, que les premiers hommes aient employé pour armes soit des pierres, soit du silex taillé ; qu'ils se soient abrités dans des cavernes ou ailleurs ; qu'ils aient puisé l'eau dans le creux de la main ou avec des vases, en quoi ces détails affecteraient-ils le principe que nous avons posé conformément à une loi admise par tous les savants : les premiers hommes, de même que toutes les espèces animales, ont dû avoir leurs moyens de conservation, et ces moyens ont consisté dans l'intuition, la solidarité et, ajoutons-le maintenant, dans le sentiment de leur supériorité sur toutes les autres créatures.

Cependant, quand les ethnographes antiunitaires sont à bout

d'arguments, ils se rèjettent sur les lois de la linguistique ;
or voici ce que leur dit M. Renan :

> Est-on en droit de conclure qu'il n'y a eu entre les peuples qui
> parlent des langues de familles diverses, aucune parenté primitive ?
> Voilà sur quoi la linguistique doit hésiter à se prononcer. La philologie
> ne doit pas s'imposer d'une manière absolue à l'ethnographie, et les
> divisions des langues n'impliquent pas nécessairement des divisions
> de races..... Il faut s'abstenir de tout ce qui porterait en de pareils
> problèmes un degré de précision dont ils ne sont pas susceptibles.
> (*De l'origine du langage,* 5e édition, p. 203.)

On le voit, le successeur de Claude Bernard à l'Académie
française pratique aussi le doute philosophique.

Après avoir justifié ainsi notre manière de voir, il nous
reste à dire ce que l'homme peut et doit croire, le doute
devant avoir ses limites. Mais auparavant il convient de résumer cette deuxième partie de notre étude, ce qui nous conduira à quelques remarques finales dans lesquelles nous for-
mulerons notre pensée sur les croyances.

RÉSUMÉ ET CONCLUSIONS DE LA DEUXIÈME PARTIE.

Les deux philosophies, spiritualiste et positiviste, sont l'une
et l'autre exagérées.

Le spiritualisme, en regardant la *sensibilité* comme une
faculté de l'âme, est forcé d'admettre l'existence aussi d'une âme
ou d'un esprit chez les bêtes, attendu qu'elles sont sensibles.

D'autre part, le positivisme, en considérant la sensibilité
uniquement comme la propriété de certains organes et tissus
(sensations ressenties par les éléments nerveux et transformation des sensations en mouvements, grâce à la présence d'autres éléments organiques en rapport avec les premiers), le
positivisme est ou semble être dans le vrai en ce qui concerne

les animaux; mais dans l'application de cette théorie à l'homme, il est tombé de son côté dans l'exagération.

Il faut distinguer chez l'homme le cerveau d'avec le principe conscient.

De même que, dans la vision, nous ne voyons pas l'objet exposé à nos regards, mais seulement son image peinte sur la rétine, de même le principe conscient n'apprend et ne sait que ce qu'il y a dans le cerveau.

Chez l'homme, c'est également le tissu nerveux qui ressent les sensations, siège aussi des souvenirs qui sont comme des empreintes laissées par les impressions; mais en général la transformation des sensations ou des souvenirs en mouvements ne s'opère pas mécaniquement, car le cerveau fonctionne habituellement sous la direction et l'action du principe conscient.

Quelquefois chez l'homme le cerveau fonctionne de lui-même, par exemple dans les rêves, dans les délires de la folie et de l'ivresse, et parfois alors les sensations ou les souvenirs se transforment directement en mouvements, comme dans le somnambulisme.

Ce fonctionnement indépendant, spontané, peut aussi se produire chez lui dans l'état physiologique, et il en est notamment ainsi dans les découvertes et inventions par *intuition*.

Dans ces innovations il faut distinguer deux phases :

a) D'abord l'inconscience passagère, impression déterminée sur le cerveau par le fait dont la présence est due au hasard, sensation perçue par l'organe, et instantanément association de cette sensation avec une autre ou bien avec un souvenir. (Voir plus haut les faits relatés.)

b) Réveil du principe conscient qui prend connaissance de ce qui vient de se passer dans le cerveau, et c'est cette *connaissance* de l'association des sensations qui constitue l'*idée* du rapport.

Chez les animaux il n'y a ni idées ni principe conscient ; mais seulement des sensations et des associations de sensations.

Le merveilleux travail des animaux inférieurs, tels que abeilles, fourmis, castors, s'explique de la manière suivante : l'un d'eux se trouve en présence d'un objet adéquat à sa nature. Cet objet détermine une sensation sur ses éléments nerveux, et cette sensation se transformant immédiatement en mouvement, donne un premier produit. La présence de ce produit éveille aussitôt une autre sensation, qui devient à son tour cause d'un mouvement correspondant, et ainsi de suite, le produit du travail se modifiant d'un instant à l'autre.

Chez les animaux supérieurs, chien, éléphant, singe, la variété plus grande des actes provient de sens plus nombreux ou plus délicats (chez l'éléphant la trompe, si remarquable comme organe du toucher ; l'odorat chez le chien). — Chez ceux-ci il arrive souvent aussi que des sensations différentes sollicitent dans le même instant l'organisme en des directions opposées, et de là une apparence d'indécision qui fait croire que ces êtres réfléchissent, alors qu'il y a seulement *antagonisme entre certains instincts* (amour d'une femelle pour ses petits et en même temps chez elle sentiment de sa propre conservation ; tendance du chien à suivre son maître et simultanément impulsion provoquée dans une direction différente par des bouffées d'émanations odorantes, etc.).

Pour avoir méconnu cette distinction et ces principes, les plus grands naturalistes sont tombés dans des erreurs énormes. (Voir plus haut les faits.)

Chez l'homme, l'intuition, aptitude à voir des choses et à saisir des rapports qui échappent généralement, est un fait uniquement *cérébral*, existant tantôt chez un savant, tantôt chez un ignorant.

L'histoire générale de la science montre que cette aptitude n'a pas cessé de reparaître exceptionnellement depuis les temps historiques.

La perfectibilité de l'espèce humaine est due à ces *voyants*, dont les idées ont été développées ensuite par d'autres, proposition qui renverse de fond en comble le système philosophique d'Auguste Comte.

Les lois d'Auguste Comte sont des paradoxes.

D'après les principes de la zoologie, le premier groupe humain doit avoir eu, comme toute espèce animale, ses moyens de conservation, moyens d'attaque et de défense. C'est l'intelligence qui déjà, à l'origine, a été le moyen principal, non l'intelligence ordinaire, mais l'intuition, induction précipitée. Le groupe des premiers hommes a suivi les idées de celui d'entre eux qui était doué d'intuition, type qui depuis a reparu dans le cours des siècles.

Nos sauvages actuels descendent sans doute d'anciennes générations d'esclaves que des tyrans avaient abrutis systématiquement, dans le but de les façonner à l'obéissance, et de là, chez les descendants, certaines particularités jusqu'ici inexpliquées, la *couvade*, par exemple. S'il y a trois à quatre mille ans, un homme a créé la race juive dans un but de bien public, il serait extraordinaire que, dans l'antiquité, on n'eût pas créé aussi des races humaines pour en abuser.

REMARQUES SUR LE DOUTE ET LES CROYANCES.

Admettons que ce que nous avons dit sur le doute soit exagéré relativement aux définitions des faits et de leurs rapports partiels, il reste néanmoins démontré que toutes les formules générales, dites *théories*, *systèmes*, *doctrines*, à moins qu'elles ne soient basées sur les mathématiques, sont toutes incertaines, l'acquisition de faits ou de rapports nouveaux pouvant d'un moment à l'autre en amener le renversement.

En conséquence de ce principe, dont la justesse ressort de l'ensemble de notre étude, on ne peut croire d'une manière absolue ni aux lois d'Auguste Comte (si elles devaient subsister malgré nos critiques), ni au darwinisme, ni à une théorie quelconque, la nôtre nullement exceptée.

Cependant l'homme, savant comme ignorant, éprouve le besoin de quelques principes fixes, l'état permanent d'incertitude lui étant pénible; or ces principes existent.

Tout d'abord on est forcé de croire à l'existence de l'*infini*, nous entendons parler ici de l'*espace illimité et de la durée qui n'a ni commencement ni fin*. C'est là, dit-on, une idée *subjective*, qualification avec laquelle on croit pouvoir annihiler cette première croyance et la rayer dans les esprits.

Mais s'il en était ainsi, toutes les vérités mathématiques seraient anéanties du même coup, se trouvant être des vérités également subjectives, également de nature purement mentale. Non l'infini et l'éternité sont des réalités, et, ce qui plus est, des vérités mathématiques ; car l'idée d'étendue partielle est inséparable de celle d'étendue illimitée, et l'idée de durée inséparable de celle d'éternité. Espace, infini, durée, éternité, toutes vérités également mathématiques.

Cette première certitude en renferme implicitement une autre, c'est la certitude de l'impossibilité où nous sommes de *comprendre* l'infini, car on ne peut *comprendre* (*comprehendere*) que ce qui peut être embrassé dans son ensemble. Or l'infini nous échappe, ne cessant pas de s'étendre de plus en plus loin. Donc la croyance à l'infini, et, simultanément la conviction qu'il y a là un mystère impénétrable pour la raison humaine, s'imposent tout d'abord.

L'homme a aussi la croyance qu'il est non seulement supérieur à tous les animaux, mais encore que, par son principe conscient, il constitue un être *à part*, un être *exceptionnel*, et, comme nous l'avons montré, tel est même le sentiment des sauvages. Il est vrai que l'on a apporté un certain nombre de faits à l'appui de l'existence aussi d'un principe conscient chez les animaux, mais on a pu voir quelle en est la valeur.

Ces premières croyances conduisent à une autre. L'homme est sur notre globe un être exceptionnel ; or la méthode des sciences n'admet pas d'exception. Donc l'homme doit avoir quelque rapport avec un être différent, mais conscient aussi. C'est Dieu, sagesse supérieure à celle de l'homme, connaissant l'infini qui échappe à celui-ci.

Nous estimons que là doit s'arrêter le raisonnement, et il nous semble qu'on est allé trop loin en voulant scruter les attributs de Dieu, Être infini que l'on ne peut comprendre. Mais de ce que la tradition peut être mêlée d'erreurs, ce n'est pas une raison pour la rejeter entièrement; l'indication est d'en dégager la vérité.

Dieu , mystère impénétrable ; principe conscient chez l'homme ; lois morales traditionnelles, telle nous semble être la vraie base de la Philosophie, base reposant sur l'idée mathématique de l'infini, et que nulle doctrine non mathématique ne peut ébranler.

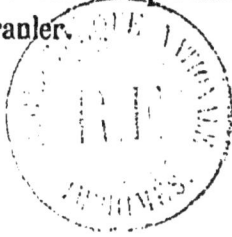

FIN.

Strasbourg, typ. G Fischbach. — 1729

www.ingramcontent.com/pod-product-compliance
Lightning Source LLC
Chambersburg PA
CBHW071205200326
41519CB00018B/5375